MINDSET FOR
EXPLOSIVE GROWTH

成長心態

50張思維圖，帶你跳脫邊踩剎車，邊催油門的人生

吉田行宏——著　　林詠純——譯

心態

來自經驗、教育，及與生俱來的特質等，
所形成的思考模式。
是信念或心理準備，
是價值觀或判斷標準。

這張地圖中隱藏著謎題……
閱讀本書，解開謎題，
獲得讓你的工作、人生，
以及人際關係變得更美好的寶藏。

圖1　成長地圖

序言

成長到底是什麼？
我爲什麼沒辦法成長呢？

這是本書主角山田問自己的話。我們在繁忙的日常生活中，或許很少有機會重新思考什麼是「成長」。但如果加深對「成長」的理解，就能完全翻轉你的人生，你會怎麼做呢？

每個人都希望自己過得更富足、更幸福。我想「成長」就是實現這個願望非常重要的因素。或許有些人聽到這句話覺得一頭霧水，但我認爲思考「成長」的問題，就是正面迎向自己的人生。而且，眞正意義上的「成長」，無法光靠技術性的方法論而習得，還必須理解其本質與原理原則。

如果我更早知道這件事情就好了。

這是我二十多年來舉辦「成長」相關研習時，從許多人口中聽到的感想。每當我聽到這樣的聲音，就會強烈覺得，如果能利用在研習中得到的發現與學習來減輕煩惱，認識人生正確核心思想的重要性，就能讓往後的生活變得更美好。而且，我開始思考是不是能將研習中的這些體驗集結成書，讓更多人能有成長的機會。於是在各界的幫助下，我在這本書中實現了這個想法。

那麼，本書能帶給哪些人幫助呢？請你在下一頁的確認表中，勾選符合的項目。

確認表
你符合哪些項目呢？請勾選。

所有人

☐ 想要成長
☐ 想要減輕煩惱
☐ 想要擁有人生中正確的核心思想
☐ 想要讓人生更富足

社會人士

☐ 在工作上稍微有點煩惱
☐ 覺得公司的人際關係很難處理
☐ 對公司與上司稍微感到不滿

團隊領導者、經營者

☐ 不知道該如何培養下屬
☐ 希望下屬擁有當事者意識
☐ 想強化組織

學生

☐ 無法想像自己的將來
☐ 想知道該如何選擇適合自己的公司

家長、教育工作者

☐ 希望孩子或學生能成為獨立自主的人
☐ 苦惱於教育方針

夫妻、情侶

☐ 希望能減少與伴侶之間的爭吵

結果如何呢？只要有其中任何一項符合，本書就值得一讀。只要繼續讀下去，就能知道我為什麼會這麼說。

前言太長可能讓讀者有先入為主的觀念，因此在這裡只簡短說明本書的特色。本書的結構比較特別。首先，我會帶大家分階段來理解「成長」，最後再將所有的成長要素有組織地統整起來，深化成為自己的核心思想。故事以「山田」這位上班族為主角展開，其中穿插了許多對讀者提出的問題，也設計了能讓大家填寫的欄位。

你可以跳過途中的作業繼續往下讀，但這麼做的話，發現與學習都會變得比較淺薄。自己思考、深刻反省是深入理解成長本質的重點，建議大家與山田一起，停下來仔細想一想。

本書一開始有許多讓人感到不舒服的內容，因為為了成長，有必要進化自己現階段的常識與價值觀，而在這樣的過程中糾結自我會讓你覺得煩悶。只要稍微忍耐一下，繼續讀下去，想必就會漸漸撥雲見日，品味到「原來是這麼一回事！」的爽快心情。

好了，準備就緒。

接下來，就讓我們與故事主角，一起推開通往未來成長的大門吧！

希望遇見這本書的讀者能夠開啓思考「成長」的契機，讓各位的人生變得更加美好。

第1章　成長是什麼？

第2章 妨礙成長的第一道剎車

第3章 妨礙成長的第二道剎車

第4章 促進成長的第一道油門

第5章　促進成長的第二道油門

登場人物介紹

老闆 咖啡店老闆

山田武史 ＩＴ企業的課長

佐藤 山田的下屬

鈴木優子（小優） 山田大學時代的朋友，上班族

知美 山田的未婚妻

伊藤 山田高中時代的朋友，飯店業者

高橋 山田的大學學弟，求職中的學生

第 1 章

成長是什麼？

遇見神祕的老闆

「唉，成長嗎？」

我長嘆了一口氣。那是個炎熱的午後。距離拜訪下一個客戶還有一點時間，所以我打算找間安靜的咖啡店處理一下資料。

今天上午經理找我討論本季的進度時，他對我說：

「山田啊，我知道你很努力，但距離公司和我所期待的成果還差那麼一點。我覺得你這幾年的成長有點停滯，但身爲課長的你如果不快點成長，你的下屬也不會成長啊。」

經理的話還留在我的腦海裡。

成長到底是什麼？

我為什麼沒辦法成長呢？

話說回來，最近都忙著工作，無暇思考成長的事情。剛進公司時明明滿懷著成長的熱情……

「咦？這裡以前有咖啡店嗎？」

我還蠻常經過這條路的，但以前完全沒有注意到這間氣氛雅致又安靜的咖啡店。

＊　＊　＊

一走進店裡，臉頰一陣涼爽。店內的客人不多，我坐在吧檯，喝了一口老闆遞來的咖啡。就在我打開電腦收信時，老闆突然問我：

「你是不是有什麼心事？」

我似乎又在不知不覺間嘆了一口氣。

我再度仔細端詳老闆，他一頭半白的灰髮，戴著有型的眼鏡。溫厚的氣質像是在訴說他豐富的人生經驗。我平常不是那種會對初次見面的人傾吐自己煩惱的類型，但老闆用充滿包容力的笑容，溫柔地向我搭話，讓我忍不住吐露心聲。

「唉，業績遲遲無法提升，下屬的績效也沒有成長……」

「原來如此，你因爲拿不出成果而煩惱啊。」

「上司也對我說：『你要快點成長才行！』但是我愈來愈搞不清楚該怎麼做才能成長了。」

「所以你因此而埋頭苦思嗎？」

老闆一邊點頭一邊聽我說話，就好像他是我的家人，打從心底在爲我擔心。

「既然如此，這個或許會對你有些幫助。」

老闆邊露出微笑，邊緩緩拿出一張圖。

圖2　老闆拿出的圖

成長地圖

「這是什麼？」

我看著這張擺在吧檯上的圖，完全搞不清楚意思。

「這是可以讓顧客減輕煩惱、幫助他們成長的地圖。」

騙人的吧！怎麼可能有這麼剛好的東西？真的假的？這個老闆該不會等一下就跟我推銷什麼奇怪的商品吧？我腦中閃過幾個念頭，些許警戒起來。但我至今還沒吸引過什麼奇怪的推銷員，老闆也沒有給我這種感覺，於是我繼續聽他說下去。

「你說這是可以減輕煩惱、幫助成長的地圖？」

「是的。這張地圖中包含了三項要素。第一是了解『成長到底是什麼？』，其次是理解『阻礙成長的主要因素』與『促進成長的主要因素』，進而能夠採取行動。這全部的內容很難用三言兩語就說得清楚，但如果你願意的話，我可以跟你說第一項要素『成長到底是什麼？』。如果你以後再來店裡，我可以慢慢跟你說後面的。」

「如果眞的可以的話，我當然樂意每天都來。不過如果聽那麼多次，需要付顧問費嗎？」

我認識幾位顧問，知道他們一個小時收費不貲。如果老闆的話眞的能夠帶來幫助，聽他說話當然不可能免費。

「不用不用，聊這些是我的興趣。你只要來喝咖啡就好了。不過我能跟你聊的時間，也只有工作的空檔就是了。」

他說完之後眨了眨眼。我看著老闆的笑容，心中同時湧現「這該不會是詐騙吧？」的懷疑，以及「既然如此那就聽聽看吧！」的衝動。

該怎麼辦呢……？不過即使他之後拿出奇怪的商品，我也只需要拒絕就好。我開始覺得遇見這位老闆多少是個緣分，如果他眞能爲我打破目前的僵局，我當然非常想要與他聊一聊。於是我下定決心，準備認眞聽老闆說話。

「既然如此，那就務必麻煩你了！我叫山田武史。」

「好的，山田先生。接下來這張地圖會繼續出現，所以請記得有這麼一張地圖。首先就讓我們來聊聊『成長到底是什麼？』吧。」

老闆停下擦拭杯子的手，直視我的眼睛。

「山田先生，對你來說成長到底是什麼呢？」

「成長對我來說是什麼嗎？嗯……」

我原本期待可以聽到什麼了不得的內容，結果突如其來的問題讓我有點措手不及，但我還是開始試著思考對自己來說，成長到底是怎麼一回事？

成長嗎？被這麼一問很難立刻回答啊……

成長到底是什麼？

我稍微想了一下，把自己的想法告訴老闆。

對你來說，「成長」是什麼呢？

「我單純覺得，能夠做到自己原本做不到的事情，應該就是成長吧。因爲做得到的事情變多，就能爲我帶來更好的結果。還有如果稍微耍帥一下，或許也可以說，成長能夠獲得自由吧？因爲如果可以獲得充分的收入與技術，也能從工作的場所與時間中解放。」

老闆聽了我的答案也點了點頭。

「你說的這些都是重要的因素。每個人對於成長都有自己的定義，就算同樣都是成長，也有自己的成長，與下屬、同事的成長、組織的成長、客戶的成長。接下來，我們就把討論的焦點擺在『自我成長』吧！」

「的確，如果下屬也都能各自自我成長，那就沒什麼好抱怨了。」

「對吧，不過自我成長的速度，我想也因人而異。你會不會覺得，如果大家都能在短期之內戲劇性地成長，那就太棒了呢？」

「當然啊，那還用說！」

我原本以爲自己走進了一間奇怪的店，但是老闆傾聽我的煩惱，試圖幫我釐清思緒，在談話中我逐漸被他吸引。

「想要有『戲劇性的成長』，首先必須領會成長的本質與原理原則，而剛剛的那張地圖，展現的就是成長的本質。」

「我記得圖上有三項要素吧？可以跟我說得詳細一點嗎？」

「當然可以。首先必須理解『成長到底是什麼？』這個本質上的問題。這裡剛好有個合適的案例分析，你挑戰看看。」

老闆從架子上抽出一張紙，擺在吧檯上。

攀登高山需要的條件

「我看看……有五組隊伍打算在一個月後攀登無敵高山。你覺得哪組隊伍最有可能成功攻頂？請選擇一隊，並寫下理由。」

A　隊員對體力與技術都有自信，所以一個月來幾乎沒爲攻頂做什麼訓練。

B　隊員都很積極，這一個月來也做了相當的訓練，但基本上技術與體力不足。

C　隊員充滿幹勁、不服輸，所以攻頂意志強烈，但整隊都是自我中心的人，缺乏團隊精神。

D　隊員雖然很有熱情，但都很怕麻煩，不太願意做訓練，所以體力不足。

E　每個人的體力與技術都很出色，但彼此關係不好，所以不曾一起訓練。

老闆等我讀完寫在紙上的內容後，開口說：

「如你所見，紙上寫的是各個隊伍在攀登高山前一個月的狀況。因爲是無敵高山，所以大概是聖母峰或喬戈里峰吧。你覺得 A～E 當中的哪

哪一隊最有可能成功攻頂？

有五組隊伍打算在一個月後攀登無敵高山。
你覺得哪組隊伍最有可能成功攻頂？
請選擇一隊，並寫下理由。

A	隊員對體力與技術都有自信，所以一個月來幾乎沒為攻頂做什麼訓練。
B	隊員都很積極，這一個月來也做了相當的訓練，但基本上技術與體力不足。
C	隊員充滿幹勁、不服輸，所以攻頂意志強烈，但整隊都是自我中心的人，缺乏團隊精神。
D	隊員雖然很有熱情，但都很怕麻煩，不太願意做訓練，所以體力不足。
E	每個人的體力與技術都很出色，但彼此關係不好，所以不曾一起訓練。

圖3　五組登山隊伍

組隊伍，最有可能登頂成功呢？」

「這和你剛剛說的『成長的本質』有關嗎？」

「有喔！無論是登山還是工作，在達成目標的這點上都是共通的。透過這個案例可以推敲出成長的原理原則，所以請你愼重想一想。」

老闆留下這句話之後，就去整理還沒洗的杯盤了。這個問題該如何回答呢？每組隊伍都各有優缺點，沒有哪一組能夠滿足所有的條件。就像我的部門一樣。登山應該需要體力與技術吧？但關係不好或整隊都以自我爲中心，似乎也不太能夠達成目標……唔，沒想到這麼難回答啊。

我已經與這個案例分析奮戰了十五分鐘。就在我抱頭苦思時，洗完杯盤的老闆出聲問我。

「有答案了嗎？」

我回答他「嗯……」，接著說出自己的想法。

「每組勢均力敵，不過我選E隊吧。因爲他們有體力也有技術。攀登高山時，大概也顧不上關係不好了。如果有目標就能達成，所以我比較看你覺得哪組隊伍最有可能登頂成功呢？
也試著想想理由。

重技術。」

「你覺得如果有目標的話，總是會有辦法團隊合作嗎？原來如此。」

老闆點點頭。我想這是個好時機，於是就試著提出疑問。

選擇團隊合作，還是個人能力取勝？

「話說回來，這個案例該如何連結到工作的成果呢？我覺得提升工作的業績與登山還是不太一樣的。」

「呵呵，別急。儘管表面上看起來情況不同，本質還是相同的。你不覺得無論是登山或工作成果，達成目標所需的要素都是一樣的嗎？」

「所需的要素嗎？」

老闆看著我一頭霧水，繼續說下去。

你所屬的團隊比較接近 A ～ E 當中的
哪一隊呢？

「附帶一提，你在公司的團隊，比較像這個案例分析中的哪一隊呢？」

突如其來的問題嚇了我一跳。原來如此，我的團隊比較接近E隊，每個人都是個人主義，團隊合作薄弱。

「是的，我的部門找人的時候，也像E隊一樣重視技術。」

哪一隊才是正確答案呢？

老闆彷彿看透了我的焦急，回答：

「其實這個問題沒有正確答案。每個團隊都各有優缺點，你的回答只不過反映出你重視的要素是體力、技術、行動、行爲、成員的意識、動機，這就是你的價值觀。」

「原來如此！這麼一說我發現了，我的下屬都不分享客戶的資訊或業務上的方法，每個人只在意自己的成績而行動。原來這就是因爲我挑選成員時重視技術的關係，所以他們才會缺乏幹勁與團隊精神吧！」

我好像被搔到了癢處，有種說不上來的爽快。

「比較了剛剛各隊的特質，結果就是這張表。」

老闆又拿出一張紙擺在吧檯上。

冰山一角

「像這樣整理成表格就很好懂呢！」

我湊近比較表仔細端詳，開始覺得老闆的講座變有趣了。

「是啊。這張表分別以◯△×評價各個隊伍在技術、行爲、意識三個項目的狀態。」

「果然E隊在技術方面雖然是◯，但因爲沒有練習，在行爲方面是×呢！」

我對照各個隊伍的狀態與比較表，思考了一會兒。在工作上，技術與意識哪個比較重要呢？

分解各隊伍的特質。

	A	B	C	D	E
技術	○	×	△	×	○
行為	△	○	×	△	×
意識	×	△	○	○	△

圖4　隊伍比較表

「剛剛那個問題很難回答吧？困難的地方在於，各個隊伍做得到的事情與做不到的事情都不一樣。如果有個全部都是○的隊伍就很簡單，但現實生活中不也是這樣嗎？多數情況總有不足。」

「確實是這樣呢！我可以理解自己下屬缺乏意識與行爲，但我也覺得想要工作有成果，技術絕對不可或缺。老闆，你覺得技術和意識哪個比較重要呢？」

我向老闆拋出了從剛剛開始就一直擺在心上的疑問。

「這是個好問題，想要理解這個問題就必須先說明冰山模型。山田先生，你知道這是什麼嗎？」

接著出現了一張冰山的圖。隨著老闆的說明，一張張的圖或插畫彷彿故事屋似的，接二連三在眼前上演。這位老闆到底是何方神聖啊？

「我只知道這是座冰山。」

「我想你應該聽過『冰山一角』這句成語。如你所知，眼前看到的冰山底下，還有更大的冰塊存在。」

圖5　冰山

「嗯，我聽過冰山一角。冰山看得到的部分，該不會就是工作成果吧？」

「不錯，你很有概念喔！如果看得見的冰山是工作的結果或成果，那麼你覺得創造出這個成果的水面下有些什麼呢？」

老闆又拿出一張圖擺在吧檯上。

「我稱這張圖爲『冰山模型』。」

「唔，水面下嗎？」

老闆體貼地提點陷入苦思的我。

「是的，我們看得見的部分只有那麼一點點，本質隱藏在底下。換句話說，拿得出結果的人，爲了有成果，在底下累積了許多努力。」

「我似乎可以想像。順帶一問，這個冰山模型的成果底下，到底是什麼啊？」

「就像這張圖一樣，分成三層。你覺得這三層分別是什麼呢？」

「我雖然不知道順序，但技術絕對是必要的吧？」

你覺得水面下看不見的部分，
這三層分別是什麼呢？

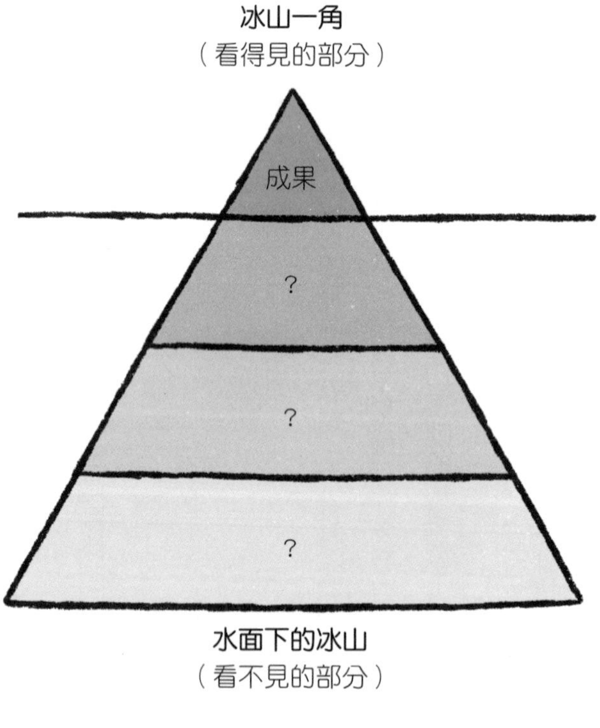

圖6　冰山

帶來成果的重要因素

想要有成果需要什麼呢？我再度陷入思考，於是剛剛聽到的意識、熱情什麼的，逐漸在腦中浮現。如果是以前的話，我應該只能想到技術吧。

「剛剛那張表也提供了一點線索喔（笑）。寫出來就是這樣。」

老闆再拿出一張在這三層分別寫上對應項目的圖。

「啊，這就是剛剛比較表上的項目嘛。登山需要體力、技術，換成工作的話就是能力、技術。我懂了，確實就像你說的，登山和工作一樣。」

我覺得自己逐漸領悟了老闆想要告訴我的事情。

「簡單來說，現在的社會大家都想輕易獲得成果，以能力、技術取勝，所以去書店可以看到擺滿了類似像《一天改變○○的方法》的書不是嗎？這正是屬於方法、技術的部分，表達的是『只要這麼做，就能簡單獲得成果喔』。」

成果之下的三層項目。

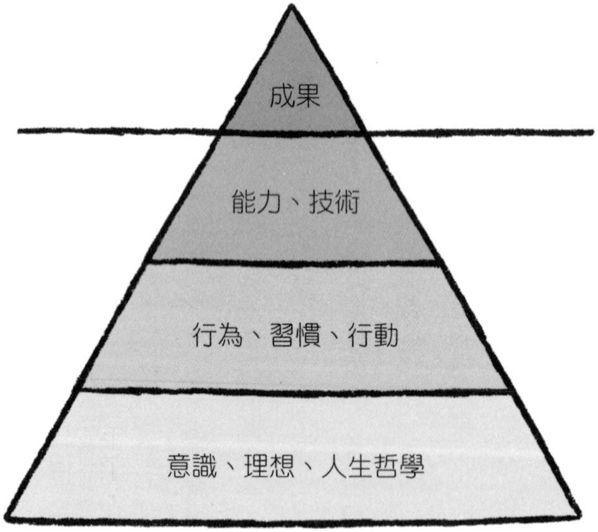

圖7　冰山模型

確實就像老闆說的。這類書很多，我也經常站在書店翻閱，但還沒試過讀了之後實際取得成果。我到底還缺了什麼呢？

「技術類的書，看似可以立即取得成果，所以賣得很好。像是《五分鐘把到妹的方法》之類的。但你有沒有想過，追到手了，然後呢？我覺得如果考慮到之後的事情，就會發現沒有愛情或感情也沒有意義。」

「啊，所以意識、理想、人生哲學才會在最底層吧。」

「商場上也一樣，只要有理想，持續採取行動，就能培養能力，做出結果。如果因爲想要成果，而只顧著追求簡單的技術，忽略行爲與意識，這樣的狀態下得到的結果也不會滿意。」

「這麼一說眞是如此。業務是認眞聽對方說話，還是裝作在聽，一眼就看得出來。因爲只是模仿一個人的做法，也學不會他的行爲、姿態與態度的。」

冰山的大小與平衡

老闆給我看的圖雖然簡單，但內容卻很深入，很有說服力。只要對照模型想像一下，很容易就能知道做出成果需要什麼，而這就是成長的本質。

譬如，就算想「戒菸」，不改變習慣也無法成功。同理，如果想要提升下屬的成績，接下來只要思考「該讓他們養成什麼樣的行爲與習慣」即可。原來是這樣啊……就在我對老闆感到欽佩時，他又拿出一張畫著圖的紙。

「這個冰山模型有大小的概念。舉例來說，你覺得業餘棒球選手與職棒選手或大聯盟選手之間有什麼差別呢？」

「這個嘛，業餘棒球選手應該只想要快樂打球吧，大約一個月左右聚一次，稍微練習一下，技術也不會有什麼明顯的提升。」

「那麼職棒選手或大聯盟選手呢？」

業餘棒球選手
成果
能力、技術
行為、習慣、行動
意識、理想、人生哲學
大聯盟選手
成果
能力、技術
行為、習慣、行動
意識、理想、人生哲學

圖8　冰山的大小

「他們對棒球的理想與信念應該非同小可。如果不夠認眞也缺乏熱情，大概很快就會掉到二軍，也愈來愈難持續選手生涯。我雖然很少打棒球，但可以想像職棒選手每天的訓練與健康管理的等級，不是業餘選手可以比得上的。」

我邊回想在電視上所看到，挑戰大聯盟的日本選手，他們艱苦的信念與訓練，邊如此回答。

「他們需要每天的例行訓練與練習，行爲舉止也很出色，當然也需要與生俱來的能力。但如果空有天賦，卻沒有加深這樣的理想、人生哲學、行爲與習慣，結果又會如何呢？」

「結果應該會完全不一樣吧。就算是職業選手，應該也有過度依賴天賦，偷懶不練習的人。」

「沒錯，這麼一想就會發現，成長可說是把冰山變大。透過放大意識、行爲、能力等各項要素，讓整座冰山變得愈來愈大。業餘選手必須均衡地放大各項要素，才能成長到足以進入大聯盟的地步。」

「換句話說，除了把冰山變大之外，這三層的平衡也很重要吧。我覺得自己好像離成長的本質更進一步了。順帶問一下，如果平衡不佳，會是什麼狀態呢？」

「平衡不好的冰山，就是一部分已經成形，但其他部分卻缺了很大一塊，整體呈現出變形的狀態。打個比方好了，假設店員必須笑著對顧客打招呼。但即使店員的招呼完全符合員工手冊，如果不是眞正心懷感謝、眞心想要招待顧客，笑容看起來也會很虛假。這就是變形的冰山吧？」

「聽起來很刺耳啊（苦笑）。」

自己也有被說中的部分，老闆的話聽來一針見血。

「畢竟 No one is perfect（沒有人是完美的）。如果用這個冰山模型的觀點來看各式各樣的人，就會發現有的人偏重技術，有的人偏重熱情、毅力。但我覺得如果想讓冰山成長變大，這三層的平衡就非常重要。」

「老闆的話眞的讓我獲益匪淺，眞是太感謝了。我明明只是想進來休息一下，卻得到這麼仔細的教導。眞是不知道該怎麼說才好。」

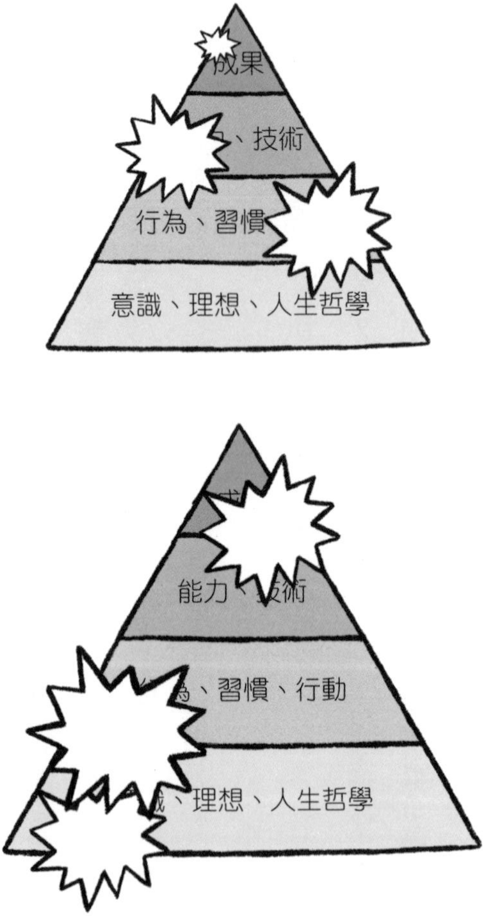

圖9　冰山的形狀與平衡

「不用那麼客氣，這是我的興趣，我常跟客人聊這些。之前有個媽媽聽完以後，就立刻把這張圖畫給她國小的兒子看。她說：『讓小孩小時候就先知道這些比較好。』即使有些事覺得理所當然，我們卻出乎意料地不了解它的原理原則，更不懂得怎麼使用。所以我想，如果能有類似工具的東西就好了，這樣就能幫助人，更確實地做出改變，面對人生。」

「面對自己的工具，就是那張成長地圖，還有這些圖吧？」

我原本只打算喝杯咖啡，沒想到最後卻像參加了一場相當高水準的研習，甚至還像去了某個遙遠的國家旅行一樣。我休息一下，喝了口冷掉的咖啡，就去洗手間了。雖然接下來還要拜訪客戶，但應該還可以繼續待在這裡一陣子。如果可以的話，我甚至想要就這樣與老闆徹底聊下去。

我回到座位之後，老闆又拿出了一張紙。這次的紙上有填寫的欄位。

「如果你還有時間的話，可以試著填填看。空白的部分是要請你盡量寫下你想得到的詞彙。你應該會想到很多詞彙，但要請你寫的是提升下屬成績所需要的能力與行動。譬如理想的部分可以寫『挑戰心』，負面的行請具體寫下對應水面下各層要素的詞彙。

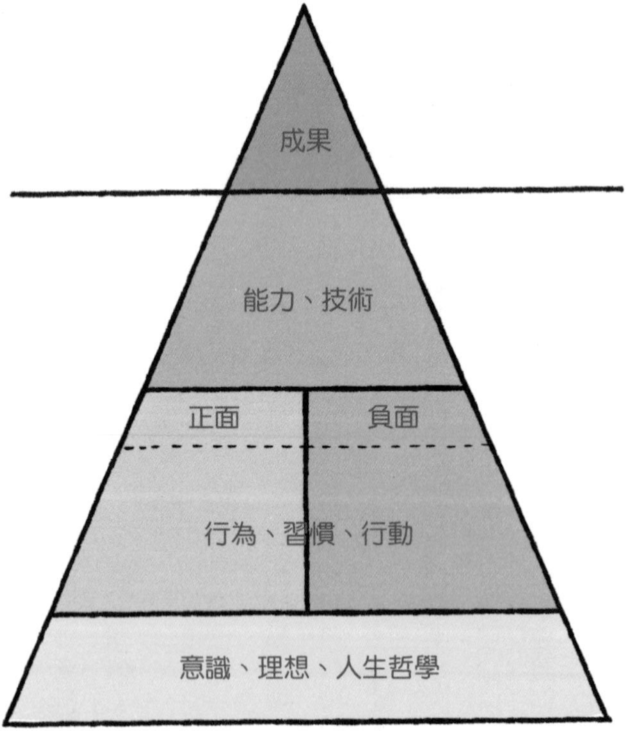

圖10 冰山的組成要素

爲則可以寫『壓迫』之類的。寫的時候可以回想一下自己的價值觀與下屬的狀況。」

我雖然在意接下來的時間，但也希望在離開這間店之前能讓老闆看看我的答案，所以當場寫下了一些詞。

「寫好了！」

「寫起來感覺如何呢？」

「關於行爲的部分讓我嚇了一下。我發現自己有時候會因爲太累，不知不覺就會對下屬態度蠻橫，或講出高壓的言語，這點讓我反省。還有，很多我覺得不錯的部分，卻很難養成習慣。」

「沒錯，我們的行爲、習慣與行動有時會因爲情緒或惰性，在無意識當中變得粗暴，最後對團隊或夥伴帶來不良的影響。」

「我在理想與人生哲學的部分，寫下了『熱情』，因爲我曾有的成長經驗，才基於這樣的熱情投入工作。正面的行爲是『不放棄』，但反過來負面的行爲就成了『壓迫』。至於能力和技術則是『與下屬之間的溝通』。」

「非常好，個人的成長經驗既能帶來正面的行爲，也能帶來負面的行爲。因爲當中既有好的經驗，但反過來也有讓人變得保守的經驗，而這些經驗有時也會成爲阻礙成長的因素。這個部分就留待你下次光臨的時候再說吧。」

原來如此，我過去以爲的成長，或許只有提升技術，也完全沒有要讓冰山之類的東西變大的概念……而且像這樣思考成長，心情也似乎稍微變得輕鬆一點了。

「好的，謝謝你！我一定還會再來的，今天就麻煩先結帳吧！」

每個人在冰山上填寫的
詞彙都不一樣。

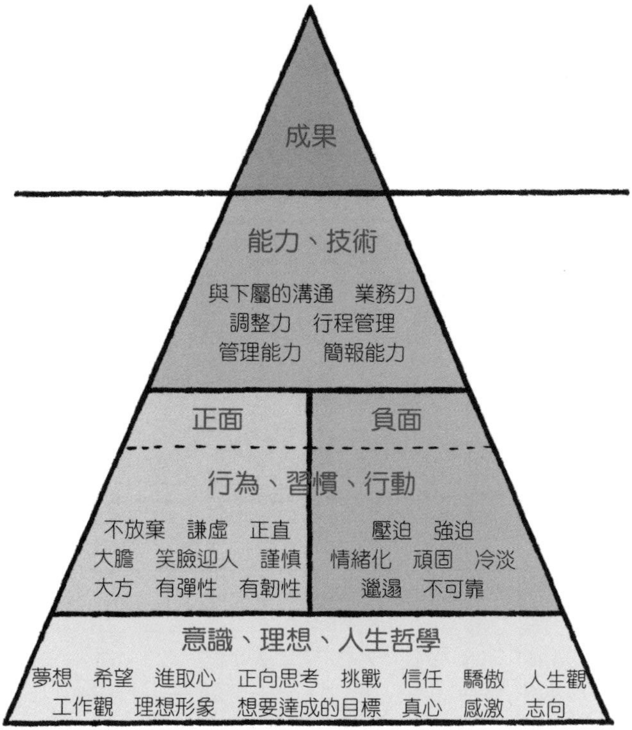

圖11　冰山的填寫範例

未來願景

我竟然只花一杯咖啡的錢，就能聽到如此深入的內容。就在我心懷感激地收下找回來的零錢時，老闆給了我收據和一張紙。

「這個是給你的禮物，換句話說就是作業（笑）。請你有時間的時候在這張紙上，畫下自己的冰山在一年後、三年後、五年後、十年後的大小。只要想像你想讓冰山變得多大就可以了。除了冰山之外，也寫下到時候可能發生的事情與目標，譬如升上經理、年收一千萬日圓、買房子之類的。反正你就自由地描繪自己未來的願景吧！」

「我懂了，不是僅止於單純地想要成長、想讓冰山變大就停手，還要想像時間表與規模，這麼一來或許就更容易訂出具體的計畫對吧？我會試試看的！」

「還有，也請收下這個。」

請試著描繪冰山的成長。

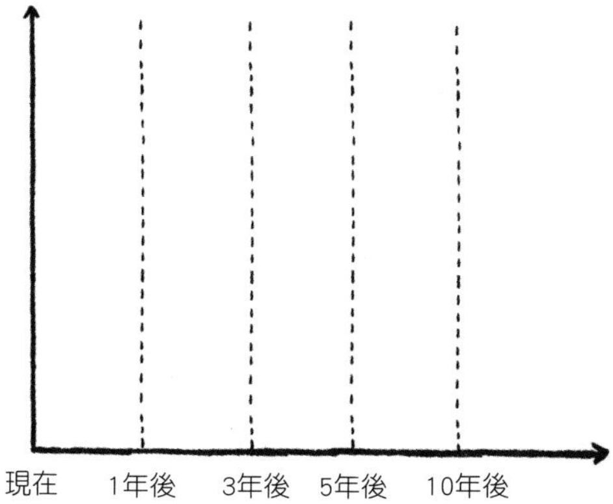

填寫範例

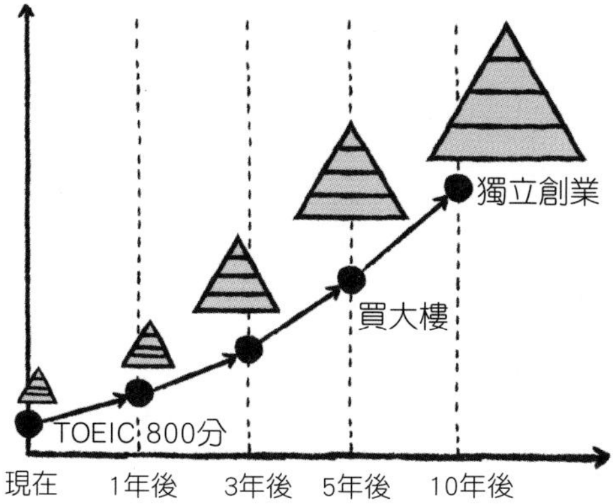

圖12 冰山的成長

老闆也把最剛開始給我看的「成長地圖」交給我。

「啊，這張地圖正中央的部分，就是冰山的成長吧？也就是說，成長的本質就是『讓冰山均衡地壯大』。」

「沒錯，成長的定義當然因人而異，沒有正確答案，這頂多不過是我自己心中的定義罷了。我沒有要強迫你接受這樣的想法，只是希望你可以當成一個參考。」

「謝謝。今天聽到過去未曾聽過的概念，使用了與過去不同的大腦領域，既疲倦又爽快，這是與工作截然不同的感受。不過，我還不知道該如何具體擴大意識與行爲，仍感到迷失，有濃霧尚未完全散去的感覺。」

老闆聽了我的話之後，笑著說：

「大家聽完我的話都這麼說。我想今天只是針對『成長是什麼？』思考成長的本質與原理原則而已，你就當成引導自己思考的契機吧。」

老闆的話，就像爲以上的內容做了總結。

「我覺得好不可思議，好像上了一堂很棒的課。我會自己仔細想一想的。今天眞的非常感謝你。」

「好的，慢走。」

老闆滿臉笑容目送我走出店門，太陽雖然仍高掛空中，但似乎沒有那麼熱了。涼爽的風突然撫過臉頰，我好像從不可思議的國度，回到了現實世界。

多虧了與老闆談話，我好像對「成長到底是什麼？」逐漸有個模模糊糊的概念。

接下來是成長必須的要素嗎？我開始想要根據今天的靈感，將自己與下屬的成長要素整理成冰山模型，並且試著付諸實行。我實行之後，要再來這間咖啡店聽老闆的建議。我最近一定還要再來。我邁開步伐，與走進咖啡店之前相比，心情變得雀躍許多。

不過這眞是一間不可思議的店。我邊漫步邊細細回想。我在快到客戶公司之前停下腳步，從包包裡取出老闆給我的地圖。我再一次仔細觀察，圖上有兩個打×的箭號，與兩個沒有打×的箭號。這到底是什麼意思呢？

再看一次第1章出現的圖，
回顧第1章帶給我們的發現與學習。

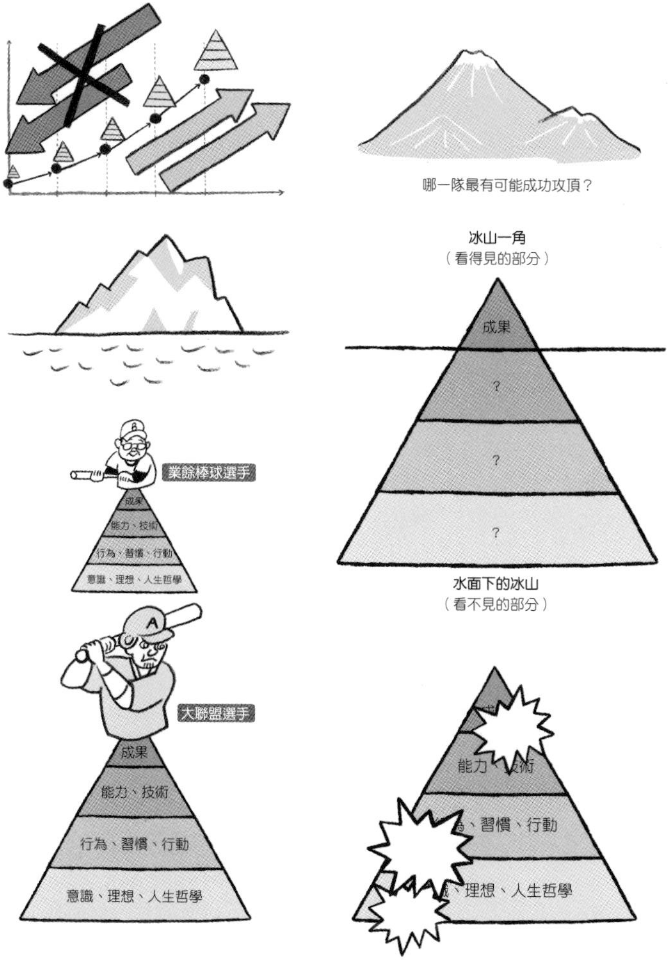

圖13　第1章回顧

第 2 章

妨礙成長的第一道剎車

探索煩惱的本質

「山田先生，歡迎光臨。」

「老闆，我又不客氣地來了。」

我明明只來過一次，老闆卻記住我的名字，親切地歡迎我。我上次偶然走進這裡，但這次卻是特地空出時間來訪。我很想知道老闆給我那張地圖的後續，所以刻意把拜訪顧客的時間訂得比較晚，確保能有充分的時間聽老闆說話。

「上次回去之後生活有什麼變化嗎？」

「你的冰山理論讓我學到很多，但回到日常工作之後就很容易忘記。雖然我多多少少放在心上，但沒自信有辦法落實，也很難養成習慣。」

「你說的沒錯，人就是這樣。雖然聽到的一瞬間會有：『原來如此！我有了新的發現！』的興奮感，但回到日常生活之後，又會恢復原本的行動與行爲。即使有很棒的領悟，要維持這樣的心態也很困難。」

「正如老闆所說。我重新檢視了周遭的環境，覺得冰山模型可以套用在所有人身上。無論如何都必須成長或改變，會讓人有被強迫的感覺，但冰山模型卻讓人覺得很舒服。」

「畢竟也有人覺得成長有壓力啊。大概是因爲成長給人必須拋棄自己的本質，徹底改頭換面的感覺吧？但我覺得活用原本的特質，在主體、本質上成長，能夠讓人生更豐富。快別站了，請坐！」

老闆邊微笑著說，邊催促我坐下。我聽得太入迷，忍不住站在那裡就聊了起來。我坐在吧檯前，立刻點了一杯冰咖啡。我來的時間和之前差不多，看來這時段似乎人比較少。我一想到接下來就能好好與老闆聊一聊，嘴角就自然放鬆了。老闆將咖啡送到我面前，緩緩開口。

「所以今天是什麼風把你吹來的？」

「我很想知道前幾天聊天內容的後續。除此之外還有一件事情想請教老闆，請你提供具體的建議。」

「你現在碰到什麼煩惱嗎？」

「是啊，我一直在想辦法培養的下屬，現在好像想要辭職。雖然這是從別人那裡聽來的，但在我們公司每個月都要開一次的會議中，他已經告訴我：『下次開會時我有事情要說，到時候再麻煩你了。』我很在意他想說的話，但也能猜到大概就是辭職的事吧……我一想到頭就痛。我對下次開會時，該說什麼也沒把握。」

「原來如此。那你覺得他想用什麼理由辭職呢？」

「他好像對一切都感到不滿，像是沒有加薪、其他公司更賞識自己，似乎還抱怨了很多。我該給他什麼建議才好呢？」

「我懂了。」

老闆邊點頭邊露出微笑，同時又拿出了一張紙。

「先看看這個吧！」

音樂社團的困境

喔，又有新玩意兒了嗎？我心想。不同於先前的困惑，我現在對於老闆拿出來的紙張內容，總是充滿各種期待。這次討論的是音樂社團。

「我看看。五個志同道合的夥伴，在大學裡組成音樂社團。大家推舉A（你）當團長候選人，並在團員討論之後拍板定案。大家爲了在一年後的音樂大賽取得優勝，日復一日地練習。但是每個團員都有自己的煩惱，練習的成果並不如意。請將他們的煩惱分類，並思考建議。」

A　充滿熱情，立志絕對要在一年後的音樂大賽取得優勝。爲了解決團員各自的煩惱而煩惱。

B　一開始很努力，但進步狀況不如其他團員。開始懷疑自己是不是不適合音樂社，並考慮是否該去別的社團比較好。

C　喜歡音樂，希望可以輕鬆玩社團。無法適應堅持取得優勝的氣氛，與大量的練習。

D　演奏樂器的技巧很好。雖然會強烈表達改變練習方式等意見，卻很難讓大家聽進去。對於其他團員也有許多不滿，覺得大家的煩惱都是藉口。

E　身體不好，打工也很忙。她說「希望能有更多自己的時間」，無法專注在社團活動。

老闆邊擦玻璃杯邊對我說：

「有本書叫做《如果世界是一〇〇人村》，我們如果像那本書刻意把思考的規模縮小，就能看見本質了。」

「你說的沒錯，但這個社團也真是充滿各種煩惱啊。接下來我要來把煩惱分類，並思考建議對吧？」

「是的，請先想一想他們的煩惱到底是什麼。再給你一個提示，你要

五個志同道合的夥伴，在大學裡組成音樂社團。大家推舉A（你）為團長候選人，並在團員討論之後拍板定案。大家為了在一年後的音樂大賽取得優勝，日復一日地練習。但每個團員都有自己的煩惱，練習的成果並不如意。請將他們的煩惱分類，並思考建議。

A	充滿熱情，立志絕對要在一年後的音樂大賽取得優勝。為了解決團員各自的煩惱而煩惱。
B	一開始很努力，但進步狀況不如其他團員。開始懷疑自己是不是不適合音樂社，並考慮是否該去別的社團比較好。
C	喜歡音樂，希望可以輕鬆玩社團。無法適應堅持取得優勝的氣氛，與大量的練習。
D	演奏樂器的技巧很好。雖然會強烈表達改變練習方式等意見，卻很難讓大家聽進去。對於其他團員也有許多不滿，覺得大家的煩惱都是藉口。
E	身體不好，打工也很忙。她說「希望能有更多自己的時間」，無法專注在社團活動。

圖14　音樂社團的困境

考慮的不是外在因素，而是內在因素。」

「不是外在，而是內在？」

「是的。外在因素舉例來說，就是生病、沒錢、環境不允許等等，內在因素則是一個人的想法、意識、情感。我希望你以思考內在因素的煩惱為主，而不是外在因素。畢竟即使外在環境相同，煩惱的內容與大小也會因人而異。所以我覺得，煩惱的本質與外在因素無關，而是隱藏在內在因素當中。」

「唔，好像懂又好像不懂……」

「試了就知道，總之先試試看吧。」

過了一陣子之後，老闆問我：

「想得怎麼樣了呢？」

「這個嘛，我覺得他們的煩惱可以分成兩個部分。第一個部分是整體而言大家並不團結，每個人都只顧自己的目標，完全不具有共同的願景。D需要意識到樂團不能只靠他一個人，而C也需要再多配合目標調整。

請將 B ～ E 的煩惱分類，並思考建議。
想想看煩惱的本質到底是什麼。

第二個部分是這個社團根本就溝通不足。我會覺得如果彼此能再多爲對方著想就好了，譬如B與E似乎就需要鼓勵。」

「原來如此，這確實是必須克服的課題。以前做這個案例分析的人，也點出了同樣的問題點。然而我也希望你再仔細想想看，這些課題眞的是造成他們煩惱的根源嗎？」

「什麼意思？」

「舉例來說，假設這個樂團實施了你所提出的兩個對策，那麼他們的煩惱就眞的解決了嗎？你會不會覺得，即使樂團的狀況在一時之間獲得改善，但過了一陣子之後，他們說不定又開始煩惱了呢？」

「的確，從他們煩惱的事情來看，我也覺得光憑自己所說的對策，無法解決根本上的問題。唔，更重要的是本質上的課題嗎？」

我獨自想了一會兒，但沒有更好的點子了。於是問老闆：

「我認爲溝通不足就是相當本質上的課題呀，但老闆應該會覺得我的想法還是太膚淺吧？唔，好難啊……」

「這樣好了，我給你一點提示吧！請看這張圖。」

老闆拿出一張圖給我看。圖上畫著兩輛車，並寫著以下的問題：

「A 踩下油門，想讓時速達到八十公里。B 也踩下油門，想讓時速達到八十公里，但他不知爲何也同時踩了剎車，甚至還拉起手剎車。你覺得這兩個人誰會先抵達終點呢？」

減輕煩惱的五個方法

「這個不是腦筋急轉彎吧（笑）？」

我忍不住問老闆。

「不是。」

「如果不是的話，不管怎麼看答案都是 A 啊。爲什麼要問這麼理所當

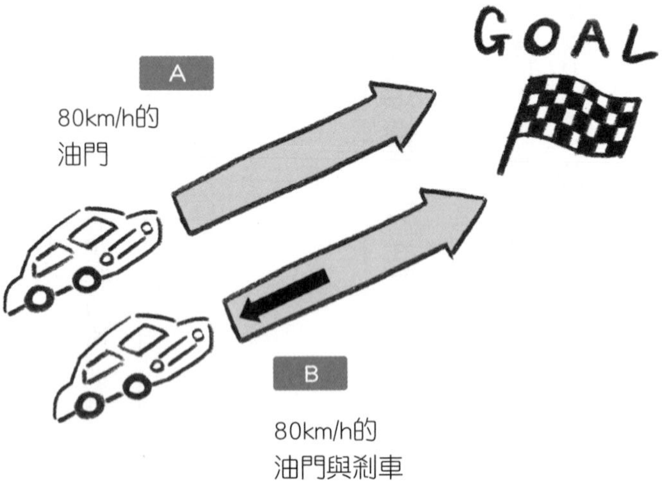

A踩下油門，想讓時速達到八十公里。B也踩下油門，想讓時速達到八十公里，但他不知為何也同時踩了剎車，甚至還拉起手剎車。你覺得這兩個人誰會先抵達終點呢？

〔注〕通往終點的道路呈一直線，沒有彎道。

圖15　油門與剎車

然的問題呢？」

「拿這個問題問十個人，十個人全都知道 A 會先抵達終點。你也會這麼想吧？但這個世界上的 B 卻多到令人吃驚。幾乎可以說每個人都會踩下剎車呢。」

「咦？是這樣嗎？」

我邊驚訝於踩下剎車的人竟然這麼多，邊接著說：

「大家看起來都很努力地踩油門啊。」

「那麼山田先生周遭有沒有像 B 這樣的人呢？你看，像是對現在的工作不滿意，而考慮換工作……」

聽老闆這麼一說我就懂了。剛剛跟老闆提到的下屬，不正是如此嗎？他對現在的工作感到相當煩惱，從我的角度看明顯就是在踩剎車。這麼一想，不知道該如何提高業績的團隊成員雖然很努力，但或許也因爲某種煩惱而踩著剎車。

「眞的有！我的下屬就是這樣。」

「沒錯，大部分的人或多或少都有B的傾向，甚至可以說，完全沒有任何迷惘、一心一意踩著油門全力以赴的人反而難找。換句話說，任何人都處在懷著煩惱、踩著剎車的狀態。先知道減輕煩惱的方法，就能有效理解為什麼會煩惱，以及煩惱的本質。接著就來聊聊『減輕煩惱的五個方法』吧！」

減輕煩惱？如果有這樣的方法，應該非常有幫助吧？我催促著老闆往下說。

「『減輕煩惱的五個方法』嗎？太棒了！一定要告訴我！」

方法1 察覺剎車的存在

老闆理解似的點點頭，接著開口說：

「那就開始吧！首先必須知道我們心裡『都有剎車』。世界上雖然有很多踩下煩惱剎車的人，但大家幾乎都沒有意識到剎車的存在。」

「換句話說，第一個方法就是『察覺剎車的存在』吧？」

我雖然邊回應邊點頭，但有點摸不著頭緒。

「我好像有點懵懵懂懂。請問煩惱的剎車具體來說是什麼呢？」

「這個嘛……有很多啊。譬如薪水不漲、公司不懂自己的價值、說不定別家公司更適合自己，或者現在的環境對健康不好、工作太忙沒有自己私人的時間等等。也有很多時候煩惱不只一個，而是各種不同的煩惱綜合起來讓人覺得事態嚴重。」

原來如此，我的下屬的確也有可能這麼想。老闆溫柔地繼續說：

「在思考能不能解決、該怎麼解決之前，首先只要察覺剎車的存在，認知到自己有煩惱、正在踩剎車就夠了。這是第一步。」

這麼一說，我最近也因為思考該如何處理下屬想要離職的問題，不太投入工作。這也算是某種剎車吧？老闆好像察覺了什麼，他看著虹吸壺中汩汩往上冒的熱水，低聲說：

「該如何讓這位下屬放開剎車，是身爲上司必須思考的事情吧。」

唉，老闆的話又一針見血。上次請教老闆時雖然也被刺中，但老闆的話爲我帶來許多新發現，讓我覺得似乎可以連結到自己與周遭的變化，因此我決定試著慎重面對。

「有不少人主張：『如果只顧著踩油門而忽略踩剎車，會無法順利過彎而撞上邊牆，所以還是需要剎車吧？』但我的意思可不是叫人不要踩剎車喔（笑）。我想討論的不是在必要時刻踩剎車，而是人爲什麼會在不需要踩剎車的時候，依然踩下剎車呢？」

「這我當然懂。仔細想想，我的周圍也有許多踩下剎車的人。」

「你說的一點也沒錯。幾乎可以說所有人都是邊踩剎車，邊工作或邊過生活。所以請一定要察覺剎車的存在。」

於是我認識了在工作與生活中的「剎車」概念。光是這樣就很厲害了。我覺得這似乎能對自己的工作與生活帶來某些幫助，但煩悶感並沒有消失。

減輕煩惱的五個方法

① 察覺剎車的存在

②

③

④

⑤

請試著寫下到目前為止的發現與學習。

....

....

....

....

....

....

圖16　減輕煩惱的五個方法①

我的手肘靠在吧檯上，邊用吸管攪動冰塊邊思考，我開始想再多問一點問題。

「老闆，假設我對下屬指出『你心裡有剎車』，那麼接下來就會開始討論『這樣的話，以後該怎麼辦』吧？如果是你，這時候會怎麼做呢？」

「如果是我的話，應該會想知道該怎麼做才能讓自己不踩剎車吧。我說的不是手法，而是『不踩剎車的決心』。」

「咦？決心嗎？這是個很少使用的概念，該如何理解才好呢？」

從「三叉路理論」來看心理狀態

就在我又開始想不透，焦躁不安的時候，沖完咖啡的老闆再度拿出一張圖給我。

「這是什麼？一條叉路嗎？」

「是啊，我擅自將這張圖取名爲『三叉路理論』。在開始討論『決心』之前，先試著想一想這張圖。」

這張看起來像Y字路的圖，在路口寫著「煩惱、決斷」。

「對了，你大學一畢業就進了現在這家公司嗎？」

「不，我是之後才進去的。我剛畢業時進的是上一家公司，現在這家公司是我的第二份工作。」

「這樣啊，那麼上一家公司是你大學時幾經煩惱所做的決定，而你在上一家公司時，又因爲某種理由想換工作，最後從幾家考慮的企業中煩惱著該選擇哪一家，最後選到了現在這家公司吧？」

「是這樣沒錯。」

「站在三叉路口時，當然會煩惱該走哪條路，而這也是非常重要的事情。」

「是啊，我當時非常煩惱。」

請你試著回想自己的三叉路經驗。

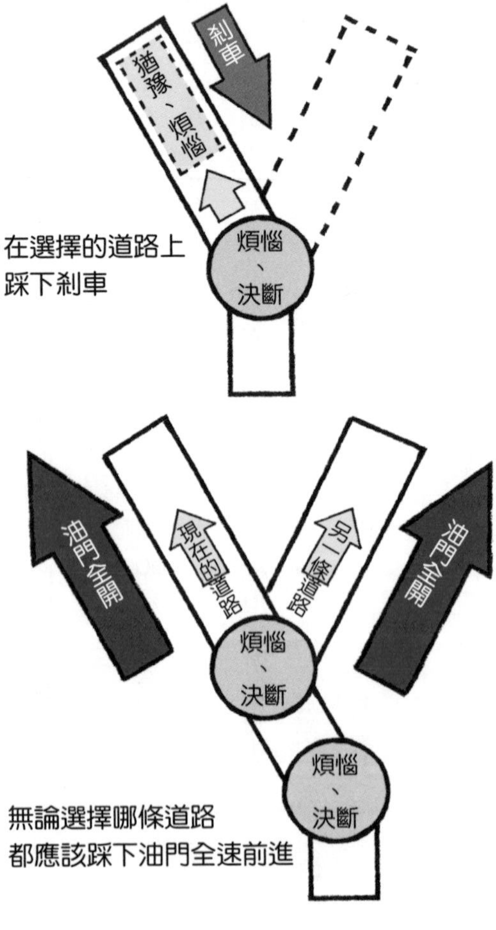

圖17　三叉路理論

「然而，真正的問題不是站在路口時的煩惱。當你在煩惱之後，走上其中一條筆直的道路時，真正的問題才開始發生。」

「啊，你說的是剛剛那位 B 的剎車吧？」

「你終於發現了！這是自己選擇的道路，照道理來說應該全速前進，但走在這條路上時，依然會踩下剎車。」

「原來如此！全速前進似乎理所當然，但像這樣透過圖來看，就能清楚知道自己在不應該踩剎車的路上踩了剎車。」

到目前為止，我雖然能隱約理解，但仍然無法完全領悟。我懷著這樣的情緒，進一步問老闆：

「不過，大家雖然可以理解在自己選擇的道路上不應該踩剎車，但仍會因為各式各樣的事情而煩惱，這不也是沒辦法的事情嗎？」

「是啊，理性與感性終究無法同步。很多時候，就算理性知道不要踩剎車比較好，感性依然會將剎車踩下去。關於這點，我們接下來再慢慢聊吧！」

老闆的回答，讓我覺得我好像問了一個理所當然的問題。接下來他又繼續說：

「在這之前，我首先想要透過這張三叉路的圖表達，感性問題先擺一邊，多數的人都會在『應該全速前進，沒什麼好猶豫的地方踩下剎車』，認知到這點是一件重要的事情。」

「這麼一說的確是這樣。我以前從來沒有注意到什麼是現在可以煩惱的事情，什麼又是不應該煩惱的事情。雖然在某方面我可以接受這點，但注意到這點就能徹底解決問題嗎？」

我在半信半疑的狀態下，想要快點得出某種結論，於是稍微開始催促老闆。

「哈哈，稍安勿躁，我們之後會有充分的時間討論，但首先還是針對在這條路上持續踩剎車的狀態再稍微想一想吧！」

老闆彷彿看透了我焦急的心情，慢條斯理地繼續說下去。

方法2 不踩剎車的決心

「做了選擇之後，才在路上因爲煩惱而踩下剎車的，就是前面提到的B吧？至於煩惱的根源，則有薪水、工作意義、與上司及同事之間的人際關係、下班後的充實度與健康狀態等各式各樣的因素吧？」

「沒錯，人類眞的是煩惱多端的生物。」

「而陷入煩惱的人，大多在沒有做出明確抉擇的情況下，過了半年、一年、二年……持續了相當長一段時間。跟在這段期間只踩油門的人相比，抵達目的地的速度確實會比較慢。」

「嗯，這點我也只能接受。」

「山田先生，你覺得踩油門的狀態長時間持續下去，會發生什麼事呢？」

噢，老闆在接連不斷的解說當中，突然拋來一個問題。

「長時間同時踩油門和剎車嗎？……如果是車子的話，引擎應該會故障吧？」

「你說的沒錯。不要說車子了，就算是人，長期陷入這樣的狀態也一樣表現會變差，甚至『故障』。」

我邊思考人類故障會是什麼樣的情況，邊繼續聽下去。

「原來如此，你的意思是多數人都採取故障風險高的行動嗎？」

「是的，大家都以爲自己現在不停煩惱的狀況是不得已，而且無法改變不是嗎？」

「的確是這樣。大家或許都無法如此客觀地掌握自己所處的狀況，只能對已經發生的事做出反應。」

「是啊，客觀看待自己雖然非常困難，但我覺得如果能夠做到，就有可能改變現況。」

我在這時突然想提出一個有點刁難的問題。

「這就是老闆你所說的『三叉路理論』吧？但是你提出這個理論有根

據什麼經驗嗎？譬如過去實際輔導過很多人之類的？」

以喝杯咖啡就能得到建議的情況來說，我問了一個非常失禮的問題，但也反映出我對老闆的強烈興趣。老闆一瞬間似乎露出驚訝的表情，但很快又恢復原本的笑容，並且回答：

「我以前曾經輔導過好幾百個人，傾聽他們在職場上的煩惱，幫他們分析是否該退休，並給予他們建議。那時候我就是用這個『三叉路理論』來說明。」

咦！這個人到底是何方神聖？一間小小咖啡店的老闆，竟然輔導過好幾百個人？我雖然想問出老闆的過去，但不知爲何感受到一股不應該再探究下去的氣氛，我決定忍耐到與老闆更熟一點的時候再問。而我也決定聽老闆說話時不要再打斷他了。

「減輕煩惱所需的第一個方法是『察覺剎車的存在』，而第二個方法就是『不踩剎車的決心』。」

「啊，這就是你剛才說的覺悟吧？但是『不踩剎車的決心』到底是什麼樣的覺悟呢？」

我反問。我對於老闆直截了當的表現有點驚訝。

「察覺剎車就在那裡固然很重要，但也需要下定決心：『好，不踩這個剎車對我的人生比較有利，那我就試著努力不踩剎車！』決心其實是一件非常重要的事情。」

「擁有各種煩惱的人，明明解決不了各個煩惱的根源，這樣有辦法做到決心不煩惱嗎？」

老闆自信滿滿的表情，加深了我的疑問。

順利下定決心的方法

「下決心一輩子堅定沿著某條路前進而沒有任何煩惱，多半很難吧。」

「是啊，一輩子的決定太沉重。」

「我想除非是意志異常堅定、果決的人，否則應該很難做到。我也很難做出一輩子的決定。但這時有個好方法。」

老闆笑了一下。我心癢難耐，幾乎想要趴到吧檯上聽他說話了。

「如果有這麼好的方法，請一定要告訴我！」

「這個方法就是做出『期間限定』的決定，而不是一輩子的決心。我推薦的期間是兩年。我建議大家不妨試著做出『花兩年時間沿著某條路前進，盡量不要踩剎車的決心』。」

「原來如此，如果是兩年的話，或許比一輩子更容易讓人興起動力，再努力看看也無妨。」

「煩惱的人，容易把自己的決定想得超乎必要地沉重。他們總是覺得自己做的是一輩子的決定。但我認爲，人生當中不會遇到那麼多需要做出這種重大決定的情況。先試著努力在兩年內不踩剎車，對於之後的人生也有很大的助益。」

減輕煩惱的五個方法

① 察覺剎車的存在

② 不踩剎車的決心

③

④

⑤

請試著寫下到目前為止的發現與學習。

圖18　減輕煩惱的五個方法②

唔，雖然我還沒有完全弄清楚減輕煩惱的方法，但感覺心情輕鬆了一點。難道是我的錯覺嗎？

「還有一點，我覺得多數人都懷抱著許願的想法，覺得『只要環境改變，自己煩惱的問題就能全部解決』，包括來找我商量的人也是如此。」

「啊，我的下屬現在也是這種感覺。」

「這就是大家常說的『外國的月亮比較圓』吧？我想的確環境改變，結果可能就會變好，但你不覺得做了決定後，才踩剎車的思考方式，即使環境改變也依然會保留下來嗎？」

「你說的沒錯，對煩惱的人而言，即使造成煩惱的環境改變了，思考模式依然相同，所以下次再發生別的煩惱或新的問題時，依然會重蹈覆轍吧。」

我恍然大悟。所謂的茅塞頓開，說的就是這樣的狀態吧，我默默地開竅了。老闆繼續說：

「人家來找我商量，我通常不會建議對方留在原本的公司，我一定會說：『辭掉現在的工作也好，換到新公司也好，我無法決定哪個選擇才正確，這畢竟是你的人生，你有決定的權利。』但是我唯一可以肯定的是，無論你選擇哪條路，前進時不要踩刹車對你的人生比較有利。」

「這個建議非常簡單，似乎沒有反駁的餘地。」

我微微笑了一下，不知爲何開始覺得不可思議。

「雖然多數人無法完全接受，但我告訴他們，如果不是一輩子，而是只有兩年的話，無論選擇哪條路都可以試著不踩刹車努力前進，不是嗎？這麼一來，多數人都能下定決心，覺得只有兩年的話或許可以努力看看。」

我平常不會照單全收別人說的話，但老闆說的話，居然讓我毫無疑問地覺得似乎眞是如此。

「更有趣的是，不少人聽我這麼說之後，都會覺得『那我繼續在這間公司努力看看好了』，不過這些經驗都是出自於來找我談的人就是了。」

「這或許是因爲他們發現自己國家的月亮之所以不圓，是由於自己的偏見，或是自己踩了刹車的關係，所以他們想要試著擺脫偏見或鬆開刹車吧？」

我覺得自己似乎稍微掌握到了下次與下屬開會時，要說什麼的線索。

「老闆，謝謝你。我也會試著把今天聽到的內容告訴下屬。大家都一定有煩惱踩剎車的機會吧？而我也懂了，『三叉路理論』就是鬆開剎車的關鍵吧？」

「我雖然還沒有把話完全說完，有點擔心，不過只有聽懂是不夠的，實踐才能加深理解，所以就請你試著認眞面對下屬吧！」

實踐更勝於完美的理論

人往往會不知不覺地踩下剎車，但最好不要踩剎車比較好。這是理所當然的。老闆說的道理非常簡單。但就算知道這點，還是有其他更進一步的答案吧？我忍不住想得更複雜了。我想要知道更多。正當我這樣想，打算提問時，老闆出乎我意料地說：

「剛好聊到一個段落，今天就到此爲止吧！」

「咦？」

我應該才走進來沒多久啊！而且我今天還爲了跟老闆多聊一點，特別空出時間，老闆的這句話老實說讓我有撲空的感覺。

「爲什麼啊？對了，還是接下來需要付費嗎？」

我露出渴求的眼神不肯罷休，老闆笑著安撫：

「不，當然不是（笑）。一方面是因爲店裡等一下要開始忙了，另一方面則是剛剛也說過，我覺得請山田先生先試著實踐，累積感想後再往下聊會比較好。」

原來如此，我雖然不甘心，但知道老闆已經洞察了接下來的發展，也考慮到我的成長，所以我先試著將到目前爲止的學習付諸實行吧！我也隱約感覺到自己似乎沒有好好面對下屬，我想這次剛好是不錯的機會。

「說的也是，我先實踐看看。」

「加油！我會幫你打氣的。」

距離拜訪客戶還有一點時間，我就邊回想老闆剛才說的內容，邊套用到下屬的狀況思考，接著結帳走出店外。我不知道老闆今天說的內容，對於我與下屬開會能帶來多少幫助，至少我的心情，比走進咖啡店之前更樂觀了。

「好，總而言之就先實踐吧！」

我又再一次告訴自己，並且朝客戶邁開步伐。

知易行難

時間一下子就過去了，與下屬開會的日子到來。

「好的。佐藤，你想說什麼呢？」

「山田課長，其實我正在考慮離職。」

他立刻就切入重點，傳聞果然是眞的。讓他煩惱的剎車是什麼呢？我提問：

「這樣啊，可以告訴我原因嗎？」

「我覺得我現在做的不是眞正想做的事，應該還有更適合自己的工作。」

我心想果然就和我聽到的傳聞一樣，同時冷靜地聽他說下去。

「而且我認爲現在的自己，並沒有獲得適當的評價。雖然和山田課長相處得不錯，但和其他同事之間的相處並不順利……而且老實說，我老婆對我現在的薪水也有諸多抱怨。或許這些因素累積了下來，最近我的身體也出了狀況，所以我在想是否應該換個環境，在新環境努力看看比較好。」

佐藤的口中接二連三吐露出他踩剎車的原因。我實際體驗過之後，似乎更能理解老闆的話。

「原來如此。對了佐藤，我可以問你一個問題嗎？」

「好的，請問。」

我在白板上畫出老闆給我看的剎車與油門的圖，開始說明在腦中模擬過的說法。

「只踩油門的 A，與同時踩油門及剎車的 B，誰會先抵達終點呢？」

「這個嘛，當然是 A 吧。」

「沒錯，但這個世界上有許許多多的 B，他們即使朝著目標前進，也會在不知不覺間踩下剎車。這些人雖然想要努力前進，卻又因爲同時踩了剎車而差點導致引擎熄火。」

「……」

佐藤沉默地盯著白板。他能聽懂這張圖的意義嗎？佐藤將眼光移到我身上說：

「但如果找到適合自己的工作，不就能夠在不踩剎車的情況下努力嗎？如果去到這樣的公司，不僅薪水可能增加，老婆也會比較開心吧。」

看來佐藤似乎認爲只要改變環境，就能將油門踩到底。

「我覺得佐藤離開我們公司也沒關係。」

「啊？」

佐藤一臉愕然。他想必覺得我一定會阻止他吧。

「但是佐藤換了一家公司之後，眞的就能夠毫無顧忌地努力下去嗎？下一家公司也不可能完全沒有問題，我擔心你到時候也會像現在這樣，即使努力，也依然會踩下煩惱的剎車。」

「確實有這樣的可能性。」

佐藤似乎沒有那麼堅持了。

「所以你要不要先下定決心，盡量在這家公司努力看看呢？雖然你說你不滿意薪水，但公司的制度是只要努力就能加薪，這麼一來公司對你的評價也會提高吧？」

佐藤沉思了一陣子之後開口說：

「……我知道了，我會再稍微努力看看。」

「嗯，我們一起努力達成目標吧！」

開會的難關就這樣結束了。雖然我已經做到自己能做的，但老實說，我的建議真的正確嗎？我也不確定。佐藤雖然回答會再努力試試看，但他真的決心在努力時不踩剎車嗎？我完全沒有撥雲見日的感覺，依然覺得很煩躁。

＊　＊　＊

過了半個月後，我再度聽到傳言：佐藤又開始找工作了，而且還與某家獵人頭公司接觸了。他明明說會暫時專注於達成目標，我被騙了嗎？我的情緒中夾雜了信任關係遭到背叛，以及懷疑自己管理能力有問題，感到不安。我已經不知道今後該怎麼做才好了。雖然我照著老闆教我的方法做，卻深刻感受到「知易行難」的道理。

我到底該怎麼辦才好啊！

管理不動如山的下屬

「咦，這不是山田嗎？怎麼一副苦瓜臉啊？」

正當我因佐藤的事情感到消沉時，回家路上偶遇了大學時代的朋友鈴木優子（小優）。小優從大學時代就很開朗，而且說話直白，跟我非常合得來。我們挺有緣分的，選了同一位老師的課程，還在同一個地方打工。她偶然看見我低頭走路，就邀我一起去喝酒。

我們原本暢快地聊著大學時代的回憶，但後來不知不覺開始聊起工作。或許是酒精的作用，小優也接二連三吐露了煩惱與抱怨。

「我知道開發團隊很努力設計產品，但產品的瑕疵太多了，顧客的投訴處理起來很累人。而且企畫室在商品發表之前也應該更仔細調查顧客的需求，把產品的狀況調整到完美才開賣，不是嗎？」

「是啊。」

「而且團隊之間也有糾紛，下屬屬於年輕寬鬆世代，不管對他提出什麼指示或想法，他都聽不進去。」

「這個我也懂。」

「我只是個副手，但主管也把這個下屬的事情全部丟給我處理……」

「小優工作也很辛苦啊……」

我邊說邊想起自己工作上幾乎也有相同的煩惱，心情似乎稍微輕鬆了一點。

抱怨完彼此公司的問題與煩惱後，我腦中突然閃過了那間咖啡店的老闆。老闆會對我們兩個人說些什麼呢？我突然很想知道。

「對了，小優！我知道有間咖啡店的老闆很有趣，下次放假時要不要一起去呢？他對工作或人生的煩惱，會提出以前很少聽到的建議喔。」

突如其來的邀約似乎讓小優有點驚訝，但她學生時代總是一股勁地響應各種行動，所以很快就回憶起當時的感覺，答應了我的邀約。

「喔，聽起來好像很有趣。我剛好這個週末沒事，就去看看吧！」

還是學生時代的朋友好，不用顧慮太多。我一邊感慨，一邊與小優約好幾天後的集合地點與時間，當天就各自回家了。

＊　＊　＊

「啊，山田先生，歡迎。」

「老闆，我今天帶了大學時候的朋友來。」

「你好，我是鈴木。我聽山田說，你的指導很受用，所以今天非常期待！」

「鈴木小姐，歡迎妳來。我沒有那麼了不起啦。總之請先坐下來吧！你們想喝點什麼呢？」

老闆總是帶著笑臉接待我們。他將我們點的冰咖啡倒進杯子裡，端到我們面前，接著開口說：

「好了，今天有什麼事嗎？」

小優一聽到老闆的問題，立刻回答：

「是這樣的，我的下屬老是反對團隊的方針與指示。他明明只是個菜鳥，連自己的工作都做不好，卻總是把問題推給上司或公司的制度。而我上司也把指導這個下屬的責任完全丟給我，眞的讓我很困擾。」

眞不愧是小優，即使跟老闆初次見面也能侃侃而談。但老闆面對小優也絲毫沒有改變步調。

「原來如此。」

「所以我藉著和這位下屬吃午餐的機會，跟他說：『你再這樣下去，不管去到哪裡都不會有好的評價。你先仔細完成眼前的每一項工作，再把感想化爲意見比較好吧！』但是他一點也沒有改變。面對這樣的下屬，我該怎麼做才好呢？」

我思考老闆教我的事：這個下屬正在踩剎車，所以應該讓他發覺自己正在踩剎車，以及要讓他下決心不踩剎車……話雖如此，我自己也沒有處理好就是了。這一次老闆會如何接招呢？我有點享受可以當個旁觀者。

「那麼，可以先請山田先生把之前來這裡聽到的『冰山理論』和『煩惱刹車』告訴鈴木小姐嗎？」

原來如此。雖然今天的確是小優想要得到建議，但我也能理解她若知道先前老闆講的內容，結果將大不相同。但是，我能否正確地說明老闆教我的內容？理解別人說的話與是否能夠說給其他人聽，這兩者之間似乎也有很大的不同。

誰的責任？

我趁著老闆忙於本業，結結巴巴地跟小優大致說了從老闆身上領會到的內容。

「鈴木小姐，妳覺得怎麼樣呢？」

這是誰的責任？

請針對公司發生的各種問題，憑直覺寫下誰該負責，每個人又該負多少百分比的責任？數字加起來必須是100%。

董事	主管	員工	自己
%	%	%	%

圖19　問題的責任比例

「不要說學生時代上課了，我出社會之後也參加了各種研習，但今天的內容都是第一次聽到，我覺得自己的視野好像變大了呢！」

「這樣啊，那眞是太好了。那麼接下來，妳可以在這張表中寫上數字嗎？山田先生也一起試試看。」

喔喔，例行的問答要開始了！小優困惑地看著這張表。

「關於塡寫的方法，請針對剛剛鈴木小姐提到的問題，或是兩位在公司發生的各種困難，憑感覺寫下是誰要負責任，又要負多少百分比的責任？」

「責任的比例嗎？」

我與小優一臉驚訝，接著沉默了好一陣子。

「大家一開始都會嚇一跳。畢竟從來沒有人想過責任的比例問題吧？但是嘗試塡寫這個表格，就會逐漸發現某個事情的本質喔。」

老闆臉上帶著溫和的笑容，繼續說明。

「我想你們或許無法理解，但不要想太多，憑直覺寫下比例即可。除了數字加起來必須是一百之外，沒有其他任何限制。」

雖然我們還搞不清楚這項作業的主旨與意圖，總之就先試試看吧。我們一頭霧水地在表格中填入數字。

「我覺得董事是五〇％，經理二五％，員工一〇％，自己一五％，山田你呢？」

「我應該是董事三五％，業務經理二〇％，員工一〇％，自己三五％吧。」

「原來如此，接下來假設你們兩位完成這項作業後，與學生時代的學長一起去喝酒。你們兩人在喝酒時，跟學長談起這項作業。於是學長建議你們：『我覺得最好把自己的責任當成一〇〇％喔。』你們覺得學長爲什麼會這麼說呢？還有，學長這樣說你們同意嗎？」

這個假設雖然有點奇怪，但這也是作業的一部分喔！

山田的比例

董事	主管	員工	自己
35 %	20 %	10 %	35 %

鈴木的比例

董事	主管	員工	自己
50 %	25 %	10 %	15 %

圖20　兩人寫下的責任比例

自己的責任與當事者意識

小優是那種有情緒會立刻顯露在臉上的人，她已經露出討厭的表情了。對於老闆的問題，她立即回答：

「我完全無法同意！舉例來說，像這個下屬的問題，的確我的指導能力也有部分責任，但還有很多是超出我權限範圍的事情，像是公司整體的錄取標準、員工的養成制度、下屬自己不夠努力等等。如果連這些都百分之百要我負責的話，那實在太不合理了！」

小優語氣有點強硬，畢竟她認爲自己的責任比例只占了一五％。

「我可以理解鈴木小姐要說的，那麼山田先生你覺得呢？」

「老實說，我也不太同意。對於自己做的事情，我當然覺得有責任，但超出自己權限或責任範圍之外的事情，都有各自的負責人，我想自己終究只應該在自己的責任範圍內努力。」

我也回答了自己的責任比例占了三五％，隨後我繼續老實告訴老闆自己的想法：

「而且假設我眞的認爲自己有一〇〇％的責任，應該立刻會覺得壓力很大吧。再說，我也懷疑自己的影響力眞的有那麼大嗎？當然，只要與自己稍微有關的工作，我都會抱持著自己也有責任的想法去做。但我是那種每當發生問題就會想太多的人，如果跟我說我有一〇〇％的責任，我會因爲責任感而覺得有壓力。」

嗯，這是我特有的模糊式回答法，不過小優也一臉「你說得沒錯」的表情點頭同意。一〇〇％完全無法接受。但在說出自己反駁的意見時，我也覺得哪裡不太對勁。這位學長到底想說什麼呢？難道他是公司派來的間諜嗎？但咖啡店老闆又設定這位學長與公司無關，他應該不會只站在公司的立場思考吧？

老闆邊擦拭洗好的寬口杯，邊對我們說：

「我過去也讓許多人做這項作業，多數人回答的責任比例都與你們的數字相近。大家一開始說出的感想也和你們很像。」

看吧，老闆又說出「讓許多人做過這項作業」這種話，他到底是何方神聖啊？

「如果連公司整體的問題，或其他部門的事情都要我擔起責任，我還會因此考績變差、薪水減少，除了吃虧之外，實在想不到別的！」

小優依然忿忿不平地反駁。即使如此，老闆的表情仍舊沒有改變。他保持一貫的溫和。

「好的，謝謝兩位如實告訴我心裡的想法。其實我爲了讓討論更精準、深入，故意使用一〇〇%責任感這種誇張的字眼。」

咦？老闆故意要讓大家反應激烈嗎？但這是爲什麼呢？

「『責任』這兩個字太沉重，在這裡姑且替換成『當事者意識』來思考吧！你們要不要試著想想看，當事者意識百分比高與低的人，他們在思考或行動上有什麼差別呢？」

把「責任」替換成「當事者意識」？唔，我該怎麼想才好呢？

「譬如下屬的問題，我可以理解兩位確實思考了如何讓下屬成長，也努力想要做出成績。」

老闆彷彿看透我們的心情，接著往下說明。

「這樣的想法固然重要，但請你們想想剛才說的比例。舉例來說，你們覺得當事者意識一〇％的上司與八〇％的上司，對下屬採取的行動有什麼不同？」

「這個嘛，當事者意識低的上司，應該會認爲『下屬沒有成長，做不出結果是他個人的問題』，而當上司有這樣的想法，也會很快停止思考幫助下屬成長的對策。」

「山田先生，你說的沒錯。」

小優也不甘示弱地發言：

「當事者意識高的上司，會認爲『如果改變自己本身的想法與行動，下屬會變得更好』，所以他們會想方設法和努力。但我覺得這麼一來，也會過度縱容下屬，可能會造成團隊整體時間分配不均的風險……」

「鈴木小姐，妳的意見非常好。當事者意識高的主管，確實會努力改善狀況。接下來，我想說說縱容下屬或時間分配不均風險的問題，不過畢竟只是我的想法罷了……」

優點與缺點

我覺得小優的意見聽起來也有道理，我對老闆會如何反駁，也非常感興趣。

「我覺得每件事情都同時有優缺點，幾乎沒有任何一件事情只有優點或缺點。所以就算上司想指導或培養下屬，也不是只具有高度的當事者意識就會一切順利。小心翼翼地想辦法避免過度縱容或破壞平衡，也是理所當然。」

老闆停頓一下，繼續說：

「不過，主管的當事者意識低落，就會把多數問題歸罪於下屬，說他們不想努力或不投注心力改變，所以改善狀況的機會就會遠低於當事者意識高的主管。」

老闆想必親眼見識過許多人的成長，累積了長期經驗，有高度說服力。原來如此，我想若討論、比較當事者意識的高低，如果只提出意識高所伴隨的風險，確實不能推論出「所以當事者意識低比較好」的結論。我雖然還不能完全領會老闆想要傳達什麼，但一剛開始寫作業的抗拒逐漸消失，也似乎開始有初步的掌握了。

「那位學長想說的，是不是當事者意識低，在某種意義上就等同於停止思考，他們是不是會因此變得不想要改善，或不想要努力改變呢？」

「山田先生，你發現了非常棒的觀點！就是這樣，沒錯！當事者愈是覺得『自己雖然也多少有點責任，但比起自己，還有其他人更應該負責』，意識就會變得愈低，思考也會愈來愈停滯。」

「唔，是這樣嗎？」

小優看起來還無法接受，而我則莫名地打從心底覺得刺痛。

「如果只是說到下屬的問題，我還勉強可以接受，但如果連整間公司或其他部門的問題都要當成自己的責任，還是有不合理的地方吧？」

小優鍥而不捨地追問。我突然想到她在學生時期參加辯論比賽時，即使情勢不利，也依然會不放棄地持續提出反駁。

「那麼這樣的例子你們怎麼看呢？公司常會聽到『最近我們公司愈來愈沒有活力』，或是『員工動力降低』之類的吧？」

「有。我們公司也有人這樣說！」

我們兩個人都用力點頭。

「你們覺得說這種話的人，抱持著什麼樣的心態或當事者意識呢？」

「他們應該對公司的狀況，完全不具備任何當事者意識吧？」

「我覺得他們把問題歸咎到公司的幹部或人資，或者並沒有想太多就說了。」

小優與我輪流回答。

「沒錯，這樣的發言很像評論家，或者說幾乎感受不到什麼當事者意識。那麼你們覺得當事者意識高的人會怎麼說呢？」

該以一〇〇%的當事者意識為目標嗎？

我好像逐漸落入了老闆的陷阱，但不知爲何又覺得有點暢快。

「如果對方是當事者意識高的人，應該會想要自己發起什麼具體的行動吧？譬如在自己的團隊舉辦活動，或是提出爲全公司帶來活力的策略。」

小優剛才表達了負面的意見，現在也開始有正面的發言。

「至少可以開朗地打招呼，或者與下屬一起吃午餐時，爲大家打氣之類的，這種程度的努力，個人也能做得到。」

我也不甘示弱地接著說。

「你們兩個人的回答都不錯呢！看來你們都能理解當事者意識的不同，會帶來行爲與行動的差異。」

「是否應該具備一〇〇%的當事者意識這點另當別論，但我想我確實可以理解在一個組織裡，如果有很多當事者意識太低的人，不是一件好事。」

「我雖然平常都會叮嚀下屬『行動時要有當事者意識』，但現在我開始覺得或許自己的當事者意識也不高。」

我一邊表達意見，也稍微想要反省。小優的表情也一反剛才的急躁，情況變得有點奇妙。

「我想你們已經大致理解了當事者意識高的人愈多，對團隊愈好，接下來就來談談你們在意的一〇〇%負責吧！」

「好的，我們洗耳恭聽！」

我們的身體不禁微微前傾。

「我前面提過，在這項作業使用『責任』這兩個字，是爲了活絡討論，更容易聽到大家的眞心話。負擔一〇〇%的責任，不代表就會拉低考績、降低評等，首先請你們理解這一點。接著，剛才也思考了當事者意識低與高的人的不同，現在你們試著想一想，當事者意識八〇%與一〇〇%的人，有什麼差別？」

老闆似乎配合我們兩人的理解程度而改變問題的層次。

「八〇%已經很高了不是嗎？上司如果有這麼高的當事者意識，也足夠了吧！有這麼高的意識，也會採取具體的行動吧！」

小優回答。

「我也很難想像一〇〇%與八〇%的差別。我覺得具備一〇〇%的當事者意識，說不定還讓人覺得有點可怕。」

我也不客氣地說出眞心話。

「是啊，明明無法領會，還強迫自己去做也不太好，所以還是等到自己可以接受，再主動這麼去做吧！我希望你們在這樣的前提下稍微思考的是，具有八○％、九○％高度當事者意識的人，還是有可能因為將剩下的一○％、二○％當成別人的責任，而失去某些重要的事物。」

唔，這麼說或許沒錯。但人類有需要當完人嗎？八○％、九○％不也不錯嗎？我知道自己有點得過且過，也這麼想，但是並沒有說出口，而是默默地繼續聽老闆說話。

理想狀態與現實情況

我們等老闆繼續說下去，老闆對著我們笑了一下，接著提議：

「你們覺得如何呢？與其一直聽我說，不如試著討論這個主題吧！為了避免你們討論時有所顧忌，我先暫時離開一下。對了，再給你們一個建議。討論時若遇到瓶頸，可以看看裝在這個袋子裡的卡片。」

老闆不等我們回話，就把看不到內容物的袋子放在我們面前，離開吧檯去找其他客人了。

「山田，老闆剛剛說的話，你聽得懂多少？」

小優興致盎然地問我。

「這個嘛，我聽到他說『責任』時覺得很想抗拒，但換成『當事者意識』這個詞的話，就可以接受意識高比意識低要好。但我還是無法同意一〇〇%負責這件事。」

「嗯，我的想法也差不多。」

嗯，這麼一來就討論不起來了。於是我改變主意，試著站在稍微偏向老闆的立場向小優提議。

「雖然不知道確切的理由，但我們似乎都覺得一〇〇%負責的風險很高，會帶來損失。我們要不要試著想想看爲什麼會有這樣的想法，並且思考這樣的風險是不是眞的存在。」

「原來如此，或許我們確實有某種刻板印象，或者說是強烈的偏見。

假設我們覺得自己有一○○％的責任，並且試著在自己做得到的範圍內行動。譬如與下屬或同事聚餐時，說點鼓勵大家的話，即使最後結果並不如意，我們也不會被迫負起責任或減薪之類的吧。」

「是啊，這雖然是我的推測，但我想或許是『不管做什麼都沒用』『做沒用的事情會吃虧』的心態起了作用。」

「嗯，就像你說的，我們不喜歡自己做了超出本分的工作卻不被認可，或是變成做白工，所以會在有這樣的意識或採取行動時踩剎車也說不定。這就是我們拒絕一○○％負責的主要原因嗎？」

我們或許一點一點逼近事物的本質了。我接著建議小優：

「既然如此，我們要不要反過來想一想，一○○％負責眞的是白費工夫，會帶來損失嗎？我看看……爲了比較容易思考，我們不要思考大規模的行動，試著想想小規模的行動吧。譬如爲了改善團隊的氣氛，主動在早上開朗、有精神地跟同事打招呼呢？」

「喔，這個例子或許很好懂。這麼做有什麼好處呢？」

「第一，這麼做不需要投資或協調，相對簡單就能做到，這個要說是好處應該也算好處吧。而且如果這個行動逐漸普及開來，就有機會能改善公司或團隊的氣氛。」

「那麼壞處呢？」

「壞處是一個人開始需要勇氣吧。說不定還會有人問我：『山田，你怎麼突然這麼做？是怎麼了？』而且，如果我展開這樣的行動，卻沒有在公司普及，或是沒有任何人開朗、有精神地回應我的招呼，或許我就會覺得很丟臉，或覺得自己吃虧了吧？」

「看來壞處主要還是跟自己的心情有關。」

「唔，到目前爲止我都懂了，接下來該討論什麼才好呢？」

兩人思考遇到了瓶頸，暫時沉默了下來。

「對了，老闆剛剛不是拿了什麼給我們嗎？」

我們兩人幾乎同時想起這件事，目光轉向吧檯上的袋子。原來如此，老闆完全猜到兩個人的討論會遇到瓶頸。老闆到底是什麼來頭呢？我愈來愈覺得不可思議了。

小優打開那個袋子，拿出一張卡片。這張卡片上只寫著一句話「自己冰山的成長」。

「這是某種謎題嗎？」

小優一臉莫名其妙，自言自語。我看向老闆，他正在與其他顧客說話，雖然沒有看向我們，但我覺得他好像在微笑。

「解決這個討論的關鍵在於『自己冰山的成長』嗎……」

我稍微沉思了一會兒，突然恍然大悟。

感受隨觀點而變

「這句話是要提醒我們，這不是得失的問題，而是要試著當成自己冰山的成長來思考吧！」

「原來如此，我們行動的時候總是受限於得失不是嗎？如果從自己的成長是否需要這項行動的觀點來思考，或許看事情的角度就會稍微不一樣吧！」

我們不知不覺熱烈地討論了起來，這時老闆回到吧檯，微笑著問我們：

「討論得如何了？」

「我們發現自己算得太精，害怕自尊心受損，所以才會迴避當事者的高意識行動。因爲如果什麼都不做，就不會覺得吃虧，也不會傷害到自尊心。但如此一來，說不定就會錯失讓自己成長的機會。」

小優也接著說：

「我也回想起學生時代，比起得失，我更會為了正義感或夥伴而認真接受挑戰。這樣就算挑戰不太順利，也會覺得自己有長進。」

「你們討論得很精采，也發現了很棒的點。就像你們說的，我也覺得最近社會上愈來愈傾向考量自己的得失來判斷和行動。但如果具有高度的當事者意識，行動時就不會只顧自己眼前的得失，而是會看見自己長期的成長，以及這樣的成長能對團隊、公司或客戶帶來什麼幫助。」

老闆的解說有讓人服氣的部分。我工作也的確會從得失的角度來考慮事情，很少有機會從自己長期的成長，或能不能為整體團隊帶來助益的觀點思考。

「這樣子的話，我也比一開始更容易接受一〇〇%的責任感或當事人意識了。這樣想不僅能增加自己成長的機會，或許還能建立不受限於得失的人際關係。」

「沒錯，我覺得接受一〇〇%當事者意識、一〇〇%不歸咎別人，有非常多的好處。不僅成長的機會壓倒性地增加，也可能大幅減輕煩惱。」

「也能減輕煩惱嗎？」

我們兩人同時問出相同的問題。

「是的，這是我自己的經驗，聽了這段話的人也回饋了類似的感想。愈能養成這樣的想法與行動，心情就會愈輕鬆，而煩惱似乎也會愈來愈少。」

「請務必告訴我們細節！」

小優看起來興致勃勃，幾乎整個人都趴到櫃檯上了。老闆即使面對亢奮的小優依然不受影響。

「發生問題的時候，如果覺得『自己明明沒錯』，或是在選擇行動的時候考慮『得失』，不覺得心情相當煩躁，也會累積挫折感嗎？」

我與小優同時點頭，老闆接著說：

「我們很難改變別人的想法或行動吧？所以，我覺得就算因此煩惱，狀況也不太可能改善。與其歸咎他人、思考得失，不如去想自己可以做些什麼，就算只是微不足道的小事也沒關係。下定決心養成付諸行動的思維與習慣，就會愈來愈不容易煩惱。而且，因爲知道這麼做能使自己成長，對於心理健康也非常有幫助。」

方法3 一〇〇%不歸咎他人

「的確很難區分自己與別人的責任。公司發生各種問題時，不是會經常聽到『都是因爲分工不明確才會這樣』的說法嗎？但我們也很難想像釐清分工就能解決問題吧。」

確實如此。我也接在小優後面說：

「或許抱持一〇〇%的當事者意識，也沒有那麼高的風險或損失。」

「雖然我還無法完全接受，但聽了老闆的話，也開始覺得一〇〇%不歸咎他人的思考或行動似乎也不錯。」

我雖然不是完全同意，但也多少開始思考試著以一〇〇%當事者意識的態度努力看看。這時我又再一次想起了討論的開端，於是開口說：

「老闆，這個『一〇〇%不歸咎他人』就是『減輕煩惱的五個方法』中的第三個吧？」

老闆聽了我的話，微笑點點頭。

「你們很認真地討論，有了不起的發現呢！我想這對兩位往後的人生與工作都會有相當大的幫助。我還想和你們多聊一點，但店裡也開始忙了，今天就到此結束吧。當然你們還可以在店裡多坐一會兒。」

「啊，好的。雖然我想再聽老闆多說一點，但再耽誤你就會妨礙生意了吧。」

「老闆，今天非常感謝你。這些話題真的都令人驚訝，我會試著抱持一〇〇%的當事者意識。以後也請你再教我更多更多的事情！」

小優這樣說。她的表情與眼神似乎都與來時不同了。

「希望你們務必把今天學到的東西實踐在工作上，也請告訴我實踐的結果喔！」

我們大致回顧了今天學到的內容與發現後，再度向老闆道謝，就離開了店裡。

有販賣保證中獎彩券的彩券行嗎？

「山田先生，歡迎光臨。謝謝你前一陣子帶鈴木小姐過來。」

我帶小優來這裡已經是兩個禮拜前的事了。今天好不容易空出時間，在拜訪客戶的回程順道過來。

「老闆，那之後我和小優通了電話，她似乎也獲得了很多刺激，興奮地說：『工作和家庭都產生了許多變化！』」

減輕煩惱的五個方法

① 察覺剎車的存在

② 不踩剎車的決心

③ 100%不歸咎他人

④

⑤

請試著寫下到目前為止的發現與學習。

圖21 減輕煩惱的五個方法③

「家庭也改變了嗎？」

老闆笑著說。

「對啊。小優結婚第三年了。來這裡之前，她跟她老公經常吵架。但是多虧了老闆，最近吵架的情況似乎逐漸減少了。」

「聽到這個回報真令人開心。」

老闆從原本只是微笑，變成了滿面笑容。

「我不清楚詳細情況，雖然他們以前也不是吵什麼重要的事情，但似乎經常動不動就因意見不合而生氣，不過小優說她來這裡之後，衝突就減少了。」

「這樣啊～山田先生，你知道爲什麼會這樣嗎？」

「雖然只是我的猜測，但我想小優應該學會了不要只是抱怨，而是去思考該怎麼做才能改善狀況吧？來這裡之前，她在喝酒時曾經抱怨過『老公都不打掃，東西拿出來也不歸位』，或是『假日一整天都賴在沙發上』之類的。」

「看來每個家庭都有同樣的狀況呢！」

「不過，她說自從她聽了老闆說的一〇〇%不歸咎他人之後，她就開始想辦法讓老公打掃，也思考怎麼享受假期，這麼一來，吵架就漸漸減少了。」

「她眞的是學以致用呢！我也替她開心。」

「都是老闆的幫忙。」

我下次是不是也應該帶未婚妻來呢？我邊胡思亂想，邊向老闆道謝。

「那麼山田先生，今天一個人來有什麼事嗎？」

老闆一邊準備我的冰咖啡，一邊問。

「是的，後來我跟小優講電話，也聊到該怎麼面對下屬比較好。後來我們都發現，自己以前也把某部分的責任推給了下屬，沒有以一〇〇%的當事者意識與他們相處。」

「這也是很棒的發現呢！」

「謝謝老闆。所以我們也考慮日後以一〇〇%的當事者意識來面對下屬，試著努力看看，不要再把部分的責任丟給他們。只不過，我們也開始討論，以一〇〇%的當事者意識面對下屬，眞的會有好結果嗎？」

「喔，怎麼說呢？」

「對公司來說成果就是一切，所以我還是希望把關注的重點擺在成果上。但這麼一來，我就會擔心，如果我認爲責任一〇〇%在於自己的指導或指示，會不會讓下屬以爲『成果一〇〇%都是上司的責任』呢？如果下屬工作時也能確實具備當事者意識當然很好，但要是他們對身爲上司的我產生依賴，那就很頭痛了……」

接著，我也說出了自己現在最大的煩惱根源——佐藤的事情。

「還有，我最近又要與下屬開會了。今天來這裡，就是想在開會之前，聽聽老闆的建議。」

「主管該對下屬的結果負多少責任？眞是個好問題呢！不過，我想先問問山田先生，你覺得有辦法選擇結果嗎？」

「咦，結果嗎？在工作上如果可以選擇結果的話，我當然想要選擇啊。」

「你的心情我可以理解。但未來的結果無法選擇，你只能選擇行動。」

「……」

我應該像吞了子彈的鴿子一樣，瞪圓了眼睛吧！老闆笑了出來，露出白色的牙齒。

「我想要理解了不計較得失、抱持著當事者意識、一〇〇％不歸咎他人的方式，能讓自我成長，也能帶來好的結果。但要是結果無法選擇，不就沒有意義了嗎？畢竟我還是比較重視結果啊！」

「我跟許多人這樣說，大家的意見幾乎都和山田先生一樣。」

老闆回答。我邊想邊試著提問：

「那麼，爲什麼結果無法選擇，行動可以選擇呢？」

「山田先生，假設你去彩券行，告訴對方：『請給我能中三千萬的彩券。』對方會賣給你嗎？」

「如果有這樣的彩券行，我一定會馬上飛奔過去吧（笑）！」

「是啊。那如果假設你明天要跑一個非常重要的業務，去拜訪一家大公司，你能一〇〇%拿到合約嗎？」

「我當然會爲了拿到合約盡最大的努力，不過如果不是已經內定，當然無法事先保證對方一〇〇%會簽約啊。」

煩惱也沒有意義

「抱歉，我問了沒意義的問題。但這點其實非常重要，多數人在人生或工作中，偶而會一本正經地煩惱『這張彩券會中嗎？如果會中的話，我就去買吧！』或是『明天跑業務能不能拿到合約？』吧？」

「當然，我想誰都會這樣。」

老闆爲什麼要告訴我這麼理所當然的事情呢？我在一頭霧水之下繼續對話。

「雖然理性上大家都知道將來的事情誰也無法選擇，但感性上總覺得好像行動可以選擇結果，於是把過多的心力耗費在煩惱哪個行動才能帶來最好的結果。當然，我們慎重思考選擇效果更好、效率更高的行動，也是正確的，我並不是呼籲大家不要這樣做。」

「唔，我還是不太清楚這之間有何不同。」

「我們在採取行動或做出決策之前，都會選出自己心目中的最佳選項。但是我覺得做出選擇之後，這個選項就完全脫離自己的掌控，所以我認爲結果是無法選擇的。一開始很難將結果與行動分開來想，但如果能這樣做，煩惱與迷惘眞的會減少。我自己是這樣，而許多學會這個方法的人也都這麼說。」

「只要領悟到無法選擇結果，就能減少迷惘與煩惱嗎？」

我回想起高中時向喜歡的女孩子告白，結果被拒絕的經驗，有種無以名狀的感受。

當時我的確期待對方願意答應交往，晚上更因此輾轉難眠。但是現在冷靜回想，雖然告白的選擇權在我手上，但要不要答應的選擇權卻是由她掌握。我還真的無法選擇結果。我於是抬頭對老闆說：

「確實是這樣呢！結果經常是無法選擇的。我想起了一件丟臉的事。我學生時代曾經跟一個女孩子告白。我用盡心力，還事先了解她喜歡的事物，尋找可能聊得起來的話題，但最後卻被拒絕了。」

「好青春啊！山田先生，你這麼做不就是確實選擇了行動嗎？」

「哈哈，但是那個時候眞的非常苦惱呢！」

「我覺得大家現在都傾向於想要盡快有結果。譬如，達成業績、營收的目標數字、升官加薪之類的，但在我看來，這麼做都過度專注於結果而迷失了本質了。明明專注於能帶來最佳結果的行動，比較能期待有好成果，但大家反倒在行動時太隨便，不夠扎實。」

「我想你說的沒錯。我也贊同你所說，必須思考該如何行動才能產生結果的部分。但是，一放到工作上，無論如何都還是會講究結果，腦中想的淨是這些。」

方法4 無法選擇結果，但可以選擇行動

「山田先生，這時我有個不錯的方法喔。你就當成被騙好了。當你擔心結果，不知道該怎麼辦或怎麼決定時，可以試著像唸咒語一樣複誦：『無法選擇結果，但可以選擇行動。』」

「唸咒語嗎？好的，我會試試看的。」

我笑著回答，老闆也對我露出滿意的微笑。

「我今天也因爲覺得對你有幫助，而選擇以自己的方式與你認眞對話。但你說不定會覺得無聊或浪費時間，不是嗎？不過即使如此，這就是結果，是我無法選擇。」

「不不不。老闆，我一點都不覺得無聊！」

我慌忙打斷，因爲事實上眞的不無聊。

「這只是舉例而已（笑）。我也不是一開始就這麼豁達，只不過我從

上個工作的經驗中漸漸發現，抱持這樣的心態比較好。我覺得不僅心情變得相當輕鬆，也能得到比較理想的成果。」

「上個工作嗎？是什麼樣的經驗呢？」

我從一開始就很好奇老闆之前是做什麼的，所以鼓起勇氣問他。

「我以前在事業部擔任責任董事。我們有五百家左右的企業客戶，每十五家企業客戶由一位同事負責。當企業客戶有客訴時，就由這名負責人處理。這個負責人會把處理不了的問題回報給他的課長，課長也解決不了的問題則會報告給經理，要是連經理都覺得棘手，問題就會來到我這裡。」

老闆盯著天花板的一點，繼續說：

「我碰到的都是非常嚴重、幾乎找不到方法可以解決的問題，所以一開始，我常感到心情沉重。老實說，就連與企業客戶會面我都非常煎熬。」

老闆的回答超乎我的想像。原來他當過大公司的董事啊！我想詢問他更詳細的經歷時，他已經接著說下去了。

「就在幾次沉重的會議後，我領悟到『無法選擇結果，但可以選擇行動』這句話。當然，或許我很久之前就知道這句話，但就在我陷入煩惱的那個時刻，突然領悟了這句話的本質。」

「這句話的本質嗎？」

的確，只是單純聽過某句話，與經驗過、然後深刻體會這句話，兩者是不同的。這點我也能夠理解。

「『無法選擇結果，但可以選擇行動』雖然是理所當然的道理，但我發現自己過度關注或重視選擇不了的結果，而不是去行動與計畫，這或許讓我無法投入最大的努力。當我發現這點之後，就不再拘泥於選擇不了的結果，而是下決心不管結果如何都得接受，而努力面對沉重的會議。你知道當我這麼做之後，發生了什麼事嗎？」

「這個嘛，結果就改變了嗎？」

「沒錯，幾乎所有問題都比我想的，要更順利地解決了。」

我雖然沒有向老闆確認，但他所說的「無法選擇結果，但可以選擇行動」，肯定就是「減輕煩惱的五個方法」中的第四個。

「我不只改變了思維，想必也改變了態度。我也很慶幸自己過去在面對問題時，爲了盡最大的努力而積極思考解決策略。」

如何面對下屬？

「我聽了老闆的故事之後，覺得能稍微理解『無法選擇結果，但可以選擇行動』的深層意義，並掌握這種思考方式，以及知道了這樣的思維能對自己的工作與人生帶來莫大助益。除此之外，我也發現自己過去有多麼被無法選擇的結果所束縛。」

「好的，既然你已經稍微理解了，我們就回到前面提到的與下屬開會的事吧。」

「啊，對耶，我們就是從這裡開始聊的。」

減輕煩惱的五個方法

① 察覺剎車的存在

② 不踩剎車的決心

③ 100%不歸咎他人

④ 無法選擇結果，但可以選擇行動

⑤

請試著寫下到目前為止的發現與學習。

圖22　減輕煩惱的五個方法④

我告訴老闆我把之前他告訴我的剎車比喻說給下屬佐藤聽之後，佐藤雖然當下表示理解，但不久之後又開始找工作的事。而下次開會的時間將近，我希望不要重蹈覆轍。

「山田先生，你已經可以覺得抱持一〇〇%的當事者意識與下屬相處，能爲你們的關係帶來正面影響。但是，你也擔心即使抱持著這樣的思維拚命努力，最後仍然無法改變下屬的想法與行動吧？」

「是的，完全沒錯。」

「就算你抱持著一〇〇%的當事者意識與下屬開會，下屬會不會因此打消離職的念頭，想法能不能變得更正向積極，也不是你可以選擇的吧？但開會時抱持著一〇〇%或五〇%的當事者意識，可能產生不同的結果。同樣的道理，你不覺得一面開會一面擔心結果，或是只專注於開會，也有很大的差別嗎？」

「唔，的確。無論是談生意，還是交涉，盡全力去做確實有可能提升成功的機率。」

我邊回答，邊在心裡反省，自己過去開會時也曾因當事者意識薄弱，只把焦點擺在結果上。

「我之前的工作，也曾經和許多想要離職的人開過會。在開會的一、二個小時當中，我會認眞面對下屬，不會覺得『反正不管說什麼都無法改變』。我只專注於給下屬建議，認眞思考什麼樣的選擇對他的人生才有幫助，並且下決心不管任何結果都可以接受。」

「這樣啊，那開完離職會的下屬最後都留下來了嗎？」

「我雖然不知道確切的比例，但有相當高比例的下屬能夠理解我的建議。留下來的人，不僅獲得其他同事更高的評價，甚至還升官了。當然，還是有少數下屬之後離職，但我相信自己已經盡全力採取最佳行動了，因此不會後悔或懊惱，而是能夠持續思考其他下屬的成長。」

「原來如此，在討論『該提出什麼樣的建議才能改變下屬的想法』這種技術性的話題之前，該以什麼樣的態度與下屬開會才是重點啊！」

「而且不只是你，同樣的思維也能套用在你的下屬身上。下屬不也是因爲擔心、煩惱結果，而忽略了行動嗎？」

「或許是這樣沒錯。我的下屬也會因爲煩惱而在開始行動前就裹足不前了，像是想著『即使像這樣再繼續從事這個工作，也做不出好結果吧』，或是『既然在這間公司的人際關係不順利，換個環境不是比較好嗎？』等等的。」

「果然是這樣啊。今天提到的『減輕煩惱的方法』，不只山田先生可以用於在公司時該如何自處，以及該如何面對下屬，也能幫助下屬減輕煩惱，鬆開剎車喔！」

「我發現你說的沒錯，我過去在面對下屬，以及給下屬建議時，也有許多迷惘。你讓我察覺到自己在這樣的狀態下，不可能有辦法解決下屬的煩惱。我以前也覺得『爲什麼下屬無法理解我說的事情』，或是『我已經這麼努力了，你要是不拿出結果會讓我很困擾』，所以不只是下屬，我也只執著於結果，把責任推到別人身上。」

老闆所說的，雖然是本質上、原理原則的內容，但都是他累積而來的經驗，不只是紙上談兵，因此他的話語更能滲入我的心底深處。尤其今天詳細聽了他上一個工作的故事之後更是如此。他就是這樣讓自己的冰山更加成長的吧？我似乎也想到了更多日後想要向老闆請教的問題。

方法5 關注圈與影響圈

我續了一杯冰咖啡，等待時又試著更進一步地思考，並且發現了幾個問題點。這時老闆剛好端出了第二杯咖啡，於是我試著提出問題。

「老闆，我在腦中模擬與下屬開會的情形，方便問個問題嗎？」

「當然，什麼都可以問啊。」

「假設下屬期望的薪水比現在高很多，或是煩惱於其他部門的流言蜚語，這種時候該怎麼辦才好呢？不管選擇了什麼樣的行動，有時候做不到的事情就是做不到。該如何看待這樣的情況比較好呢？」

「原來如此。山田先生，你聽過『關注圈與影響圈』嗎？」

「關注圈與影響圈？我沒聽過。」

「這是『減輕煩惱的五個方法』中的第五個喔。」

老闆邊說，邊拿出另一張圖。

「這與下屬的事情有關嗎？」

「是的。關注圈與影響圈，是史蒂芬．柯維（Stephen Covey）在《與成功有約》這本書中提到的內容。他寫得非常棒，所以我就在這裡借用他的說法。舉例來說，你是不是對現在的日本稅率太高而感到不滿呢？」

「日本的稅率嗎？是啊，我的薪水也沒那麼高，但對照帳面薪水與扣掉所得稅之後的實領薪水，就會覺得稅率眞高啊。」

「嗯，幾乎所有人都這麼想。話雖如此，山田先生也不會那麼煩惱稅率吧？但假設有人很煩惱所得稅，你覺得這個人的煩惱，屬於圖中的關注圈還是影響圈呢？」

「抱歉，我不太清楚關注圈與影響圈的意思……」

「啊，不好意思，我在問問題之前忘記先說明了。那我們就以山田先生為例，假設你非常煩惱高稅率，來說明關注圈與影響圈吧。」

「好的，這樣似乎比較容易理解，真是太感謝了。」

「其實只有兩種方法可以讓山田先生不再為日本的高稅率感到煩惱，你覺得是什麼呢？」

老闆真的很喜歡問問題啊，我邊想邊回憶，話說回來，像這樣透過問題引導對方深入思考的方法，在公司研習中似乎也學過。好像是教練學，還是引導學之類的。

「如果要消除煩惱，就必須降低稅率。但一般人應該辦不到吧？」

「這是個很好的方向。你說的沒錯，山田先生如果想要改變稅率，就必須成為國會議員或總理大臣，或是移民到稅率比日本低的國家。」

「啊，的確每個國家的稅率都不一樣。但取得這種國家的永久居留權或公民權似乎也很難，更不用說在那裡找工作了。」

「沒錯，這兩個方法雖然都並非不可能，但非常困難。這樣的煩惱就定義爲在『關注圈』的煩惱。如果山田先生眞的成爲國會議員或總理大臣，打算通過減稅法案，或是移民其他國家，那麼稅率的煩惱就可算是『影響圈』的煩惱了。」

「原來如此，即使是相同的煩惱，放在不同圈思考，立場也完全不一樣呢。」

「所以對於煩惱稅率的山田先生來說，如果無法改變行動，煩惱關注圈的問題就只是庸人自擾。」

「我懂了，既然如此，我的下屬也一樣，如果不採取具體的行動，薪水的問題或他人的傳聞也只不過是庸人自擾罷了。專注思考有機會改善的問題，關注圈的事情就不要鑽牛角尖，這樣的人生或許會比較輕鬆。」

「是啊，像這樣整理之後，各種煩惱說不定就可以減少到一半以下。」

老闆同意我的發現，並接著說：

「我在學會分別關注圈與影響圈之後，也幾乎不再煩惱過去會感到頭你的煩惱屬於哪個圈子呢？

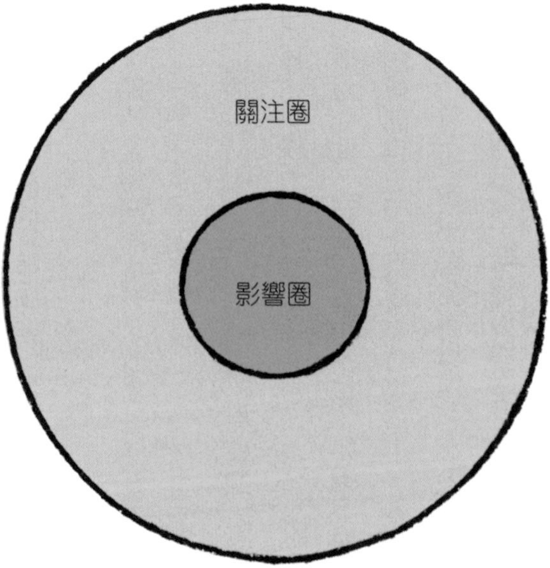

《與成功有約》史蒂芬．柯維著

圖23　關注圈與影響圈

痛的事情了，真的變輕鬆了。譬如，即使有人在網路上批評我，如果沒有辦法刪除，我也不會刻意去看那些批評來增加自己的煩惱。反之，我會透過努力擴大影響圈，讓周遭的人得到好的影響。話說回來，山田先生的周遭，是不是也有許多人在煩惱關注圈的事情呢？」

「唔，是啊，或許真的有許多這樣的人。」

我邊回答，邊想起周遭的朋友與熟人。

「前面所說的『無法選擇的結果』也是如此，正因爲關注自己無論如何都做不到的事情，所以才會煩惱。升職、升等、稅率都不是自己可以決定的，別人的評價也一樣，即使採取自己覺得好的行動，對方會怎麼想也是對方的事情。當然自己還是可以努力就是了。」

原來如此，我終於能夠理解老闆想說的事情了。

「無論對我，還是對下屬而言，『關注圈與影響圈』都是重要的概念吧？我首先必須分辨下屬煩惱的事情，就現狀而言是屬於關注圈，還是影響圈。如果關注圈的煩惱較多，我就告訴他這一點，讓他察覺到自己不需要為這些事情煩惱，要不就是逐漸擴大他的影響圈，指導他該如何改善。」

老闆微笑著附和。

「而即便我盡全力提出能夠影響他的建議，還是有可能留不住他，我也必須注意自己不要為這樣的事情鑽牛角尖。開會的時候，我把關注圈與影響圈畫在手心上好了（笑）。」

「山田先生，加油，我會支持你的！」

我覺得老闆的支持讓我更能打起精神。

「我好像鼓起了一點勇氣。或許擴大自己的影響圈，也是讓冰山成長的一部分吧！」

上次和佐藤開會時，老闆才剛告訴我「察覺剎車的存在」與「不踩剎車的決心」這兩個方法。但後來我又學到了「一〇〇%不歸咎他人」「無法選擇結果，但可以選擇行動」以及「關注圈與影響圈」，如此一來，我就把「減輕煩惱的五個方法」都學全了。多虧了老闆，我覺得自己與下屬開會的內容應該可以更加深入。

減輕煩惱的五個方法

① 察覺剎車的存在

② 不踩剎車的決心

③ 100%不歸咎他人

④ 無法選擇結果，但可以選擇行動

⑤ 關注圈與影響圈

請試著寫下到目前為止的發現與學習。

圖24　減輕煩惱的五個方法⑤

試著分類、整理煩惱

我一邊想著應該還能在這多待一會兒，一邊喝著冰咖啡，回想到目前爲止與老闆的討論。

「原來如此。我雖然知道剎車的存在，也知道不踩剎車的決心，但終究只是理性上知道，只能像知識一樣傳達出來而已。」

「是啊，知道和做到完全是兩回事。畢竟傳達者的想法與態度也很重要。如果自己執著於結果，隱約覺得責任在於他人，關注圈與影響圈的界線模糊，對方也會感受到的。」

「我會牢記在心的。」

老闆的每一個觀念都太深奧，我不敢說自己完全徹底理解，但接下來能做的就只有行動了吧。

「話說回來，山田先生，你記得之前的案例分析嗎？」

「我記得是音樂社團的案例吧？」

「是的。包含上次的討論，我想把五個方法謹記在心，就能減輕煩惱，有自信地行動。」

「如果話題再回到音樂社團的成員身上，就會發現他們的煩惱可以對應到剎車、三叉路、歸咎他人之類的吧？」

老闆拿出了一張總結今日話題的圖。僅僅一張圖就能將之前的內容整理清楚。

「啊，弄成這樣就一目瞭然了。」

「大家在面對各自的煩惱時，想到的對策通常都是『針對目的與目標達成共識』，或是『針對個別課題指導』等等，這些對策並非白費工夫，而我的意思也不是只有冰山理論或剎車理論等觀念才能有效地減輕煩惱。」

「嗯，這個我懂。」

「如果只說前者的對策，當事者在聽到的當下雖然願意接受，但由於自己根本上、本質上的中心思想沒有建立起來，所以每當遇到類似的課題時，都必須找人處理或諮詢，無法主動、自發地解決課題。」

「換句話說，他們只是暫時性地被動解決課題吧。」

「所以與其採取前者的對策，不如拿出像這樣的圖，試著透過原理原則整理問題，如此一來不僅當事者的熱情能夠持續，也能增加他的主體性，讓他自動自發地解決問題。當阻礙個人成長的煩惱剎車消失，成長就能加速喔！」

「原來如此。我也有預感，當我自己擁有更多下屬之後，如果沒有這樣的評價主軸，下屬就會因爲我鬆散的處理態度而變得愈來愈被動，所以趁現在根據這些原理原則來行事，應該非常重要吧。」

「嗯，不過這是我自己想出來的原理原則，所以請記住終究只能參考……」

「不！我覺得豁然開朗啊！」

我雖然累，卻覺得心情暢快，接下來有許多應該做的事情，就先從與下屬每月一次的定期開會開始吧。

請整理煩惱的本質。

A	充滿熱情，立志絕對要在一年後的音樂大賽取得優勝。為了解決團員各自的煩惱而煩惱。
B	一開始很努力，但進步狀況不如其他團員。開始懷疑自己是不是不適合音樂社，並考慮是否該去別的社團比較好。
C	喜歡音樂，希望可以輕鬆玩社團。無法適應堅持取得優勝的氣氛，與大量的練習。
D	演奏樂器的技巧很好。雖然會強烈表達改變練習方式等意見，卻很難讓大家聽進去。對於其他團員也有許多不滿，覺得大家的煩惱都是藉口。
E	身體不好，打工也很忙。她說「希望能有更多自己的時間」，無法專注在社團活動。

圖14音樂社團成員的煩惱可如下列表格般分類，
如此一來就能發現該對哪個人採取什麼樣的建議比較好。

	剎車	三叉路	歸咎他人	影響圈	可以選擇行動	其他
B	✔	✔			✔	
C	✔	✔				
D	✔		✔	✔	✔	
E	✔		✔	✔	✔	

圖25　音樂社團的煩惱分類

「我又在這裡坐很久了。每次都很謝謝你。下次我會再帶其他人過來的。」

我想著未婚妻，這麼告訴老闆。

「下次會是誰呢？我很期待。」

老闆看起來由衷期待我們下次的見面。這就是爲什麼我還會想要來的原因啊！結完帳之後，我最後又問老闆一個問題。

「老闆，最後可以再給我一點建議嗎？下屬恐怕會在下次開會時提離職，如果你遇到這樣的狀況，會如何使用前面教我的那些原理原則來跟他談呢？」

老闆想了一下，開口說：

「這個嘛，要看開會的話題如何發展，還有下屬對你的話有多少共鳴吧。不過我想最重要的應該是你的說話方式，還有你能不能先將公司的得失擺一邊，從原理原則誠摯思考下屬的決策，是不是會讓他有更好的人生，並且在開會時好好面對他。如果你能這樣做，開會自然有較高的機率往好的方向發展，即便下屬最後仍然離職，對公司、對你、對下屬而言都可以想成是正面的結果吧！人生的選擇沒有哪個是絕對正確，也沒有哪個是完全錯誤，因此真摯地做出選擇之後，我想就是能毫不後悔往前邁進的時機了。」

「原來如此，終究還是回歸到『察覺剎車』『不踩剎車』『不歸咎他人』『選擇行動』，以及『不煩惱關注圈』，還有『做出決斷、得到結果之後，就接受結果，並往前邁進』對吧。此外，就像在冰山理論中學到的，與下屬相處時不能只憑技術，能不能認真考慮下屬的人生，根據正確的態度與行動給他建議，也會大幅改變結果，沒錯吧。」

「山田先生，你的發現非常棒。我建議你在開會時務必把下屬想成自己的親弟弟。」

的確，如果不把下屬當成他人，而是弟弟，就能誠摯、設身處地爲他著想了。老闆的例子依舊清楚易懂，直搗本質。

「今天也非常感謝你。」

這眞的是一間驚人的咖啡店。

我與老闆道別，一開門就吹進了一股溫熱的風。周圍的人張開雙手，像是在確認什麼。下雨了嗎？就在我這麼想的那一瞬間，我突然懂了。下不下雨是結果。但我卻可以選擇要不要去便利商店買雨傘。原來如此，太有趣了。那麼，我要選擇什麼樣的行動呢？我重新拉緊領帶，煥然一新地邁出步伐。

與下屬面談

「最近狀況如何呢？」

我與老闆聊完的幾天之後，開會的日子到來。我將佐藤叫進會議室，做好準備來面對他。我決定一〇〇%不歸咎他人，劃清關注圈與影響圈的界線，並且也打算告訴他自己至今為止的反省。除此之外就只能全力行動，剩下的就聽天由命吧。

「老實說，上次開會的時候，我不是很懂山田課長所說的剎車，但後來發生了許多事情，我終於漸漸懂了。」

佐藤出乎意料地先提起這個話題。他的心境似乎有了某種變化。

「你發生了什麼事嗎？」

「是的，老實說，那次面談之後，我就開始找新工作，甚至已經和幾家候補的公司談得挺具體的了。但具體談了之後，我發現這些職位依然都高不成低不就，並不接近自己的理想。而且，他們也常問我：『佐藤先生，你似乎對現在的公司感到不滿。進了我們公司之後，如果仍感到不滿的話，你還願意繼續留在我們公司努力，不換其他工作嗎？』這時我想起課長說的踩剎車。我心想，換工作終究還是需要不踩剎車的決心啊。」

「原來發生了這樣的事情。謝謝你確實把我的話聽進去，也認真地想。」

「但就算是這樣，依然無法改變我在這裡工作的各種問題，還有老婆的指責……我知道即使換工作，這些問題也無法完全解決。但既然如此，我到底該怎麼辦才好呢？我眞的很煩惱。」

「原來如此，我很清楚你的心情。接下來我想說一些事。這是我最近學到的，對你今後的發展應該也有幫助。」

「好的，我洗耳恭聽。」

以前有點叛逆的佐藤變得這麼老實，讓我有點驚訝。大概是因爲我的態度沒有平常那麼高壓，以及他想找一些線索來解決自己衆多煩惱的緣故吧。

接下來，我就把從老闆那邊學到的東西告訴他。我想著如何幫助他減輕煩惱，如何做出最佳決策，誠摯地跟他說明，同時也留意自己的態度不要變得強迫、武斷。此外我也不只是自顧自地說，雖然我的功力沒有老闆那麼好，但我也盡可能試著穿插提問，想辦法讓佐藤思考自己的事情。

如果是平常的話，佐藤多半會反駁我：「但是……」「話雖如此……」

但今天的他卻坦率、積極地回答問題。我既欣慰又慚愧，覺得過去自己不是一個成熟的上司。我將咖啡店老闆教我的觀念，加上自己的發現、學習與感想大致對佐藤都說了一遍。但最後我還有一些話無論如何都想告訴他，於是我繼續說。

「其實我有件事想跟你道歉。」

「嗯？」

「之前開會時，我跟你說過你正在踩剎車，而且要你做出不踩剎車的決心吧？」

「是。」

「其實我自己也踩了剎車。我知道你想要離職，卻不知道該怎麼反應，所以也猶豫了。老實說，我也曾經對你有所怨懟。我自己踩下剎車，卻把責任推給你，沒有全心全意面對你的未來。」

「……這樣啊。」

「我雖然原本是這樣，但後來有機會聽到剛才跟你分享的原理原則，獲得了許多發現與學習，所以我也反省了自己的態度。我應該更認眞面對你與整個團隊，不要歸咎他人，認眞思考大家的成長再行動。身爲一名能力不足的課長眞的很抱歉。但我覺得我們還有很多事情可以做，如果你就這樣辭職，那就太可惜了。雖然你的煩惱也還沒解決，但我日後也會更加努力，所以如果你能夠繼續在這間公司，再次和我一起工作，我會很開心的。」

我不再像過去那樣拘泥於結果，說出的話坦率到連自己都覺得驚訝。佐藤過去未曾看過這樣的我，看起來也嚇了一跳。過了一會兒，他回答：

「謝謝課長這麼認眞思考我的事情，你也爲此而煩惱吧。今天聽課長說了這麼多，我也有許多發現與反省，覺得自己過去似乎誤會了很多事情。還有，你告訴我該怎麼想才能減輕煩惱，我也覺得心情變輕鬆了。」

我今天全心全意說出了眞心話，也準備好就算佐藤依然決定辭職也只能接受，所以佐藤的反應讓我隱藏不住驚訝。

「這、這樣嗎？眞是太好了。了解了原理原則及本質之後，就能以不同於以往的觀點思考，也會覺得不需要那樣深陷於煩惱之中了。」

「是的，我稍微可以理解了。當然理解得並不完全，但也覺得可以再稍微放開剎車努力看看。」

「嗯，佐藤，這樣很好。我也會不踩剎車地努力下去，我們一起加油吧！我們彼此都不要把責任推到別人身上，要當自己人生的主人。」

「是，雖然我還沒有一〇〇%的自信，但我想我會試著不要去想哪個人害我吃虧，再稍微努力看看的。」

我心裡雖然對這樣的結果感到驚訝，但也覺得似乎和佐藤一起站到了起跑線上。原來這就是不去想結果，只專注於行動啊。還有，這次的結果雖然較為理想，但即使發展出不同的結果，佐藤依然決定離職，我覺得自己應該也能夠不抱遺憾地往前邁進吧。

＊　＊　＊

後來，佐藤像是換了一個人似的，每天埋首於工作，而工作成績也跟努力成正比，不斷提升。後來他成為我的團隊成員，備受信賴，甚至也當上受下屬景仰的主管。佐藤經過一番曲折之後，成為同梯同事當中升得最快的人，這段過程還沒有任何人知道。

再看一次第2章出現的圖，
回顧第2章帶給我們的發現與學習。

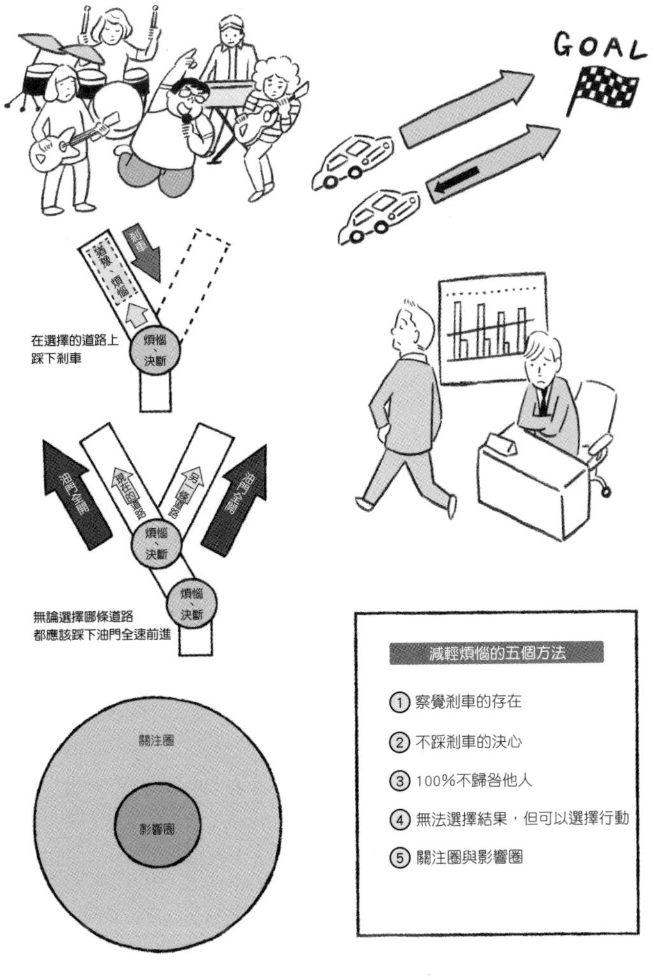

圖26　第2章回顧

第 3 章

妨礙成長的第二道剎車

人際關係的煩惱

細雨綿綿的深秋，這個午後難得晴朗。那天是週六，剛好不用上班，我的心情也晴朗無雲。今天我有事情想和老闆說，稍晚與未婚妻吃完午餐後，我們就一起推開老闆的店門。

「山田先生，你好，今天天氣真好。」

「老闆你好。」

「兩位請坐。」

我們坐在吧檯，我點了冰咖啡，未婚妻點了拿鐵。

「不好意思，剛剛沒有介紹，這是我的未婚妻知美。」

「你好，我是知美。我常聽武史說起老闆，今天很高興能夠見到你。多虧了老闆，武史改變了不少。」

知美微微點頭致意，鮑伯頭髮型的頭髮也跟著晃動。我心想她雙眼皮的大眼，和眼睛旁邊的笑紋眞是可愛。

「眞的嗎？那眞是太棒了。順便問一下，山田先生哪裡改變了呢？」

「最大的改變就是他會仔細聽我說話了。以前他總是邊聽我說話邊看手機，或是我說話說到一半，就會突然打斷我。但最近他都會認眞聽我說。所以我很好奇他爲什麼會改變。」

「喂，不要一開始就掀我的底，太難爲情了。」

老闆笑著端出冰咖啡與拿鐵。

「知美對於公司的人際關係也有一些煩惱，所以今天來這裡的目的，除了把她介紹給老闆之外，也希望可以得到一點建議。」

「原來如此，我知道了。雖然不確定能不能幫得上忙，但不嫌棄的話，請跟我說說妳的煩惱。不過我現在正在接受其他客人的諮詢，等一下就會結束。你們等我的時間，可以先請山田先生將之前學到的內容告訴知美小姐嗎？」

剛好我雖然片段地跟知美說過之前的內容，但確實沒有完整介紹過整個故事。而且比起只有聽，只「輸入」，透過敘述「輸出」給別人，更能加深自己的學習與發現，我覺得隨時保持自覺多輸出比較好。

「好的，老闆真搶手呢（笑）。你跟他們慢慢聊，不用在意我們。」

「如果能多少帶給你們幫助的話，我就滿足了。」

老闆說完之後，就去找其他客人說話了。我一直在想，聽到了這麼棒的指導內容，只付咖啡錢真的好嗎？

「那你就把從老闆那裡學到的東西，也詳細跟我說吧！」

知美的眼睛閃閃發亮。於是我根據自己理解的範圍，把從冰山的成長，到各項阻礙成長的煩惱剎車都說了一遍。

「原來如此，我以前雖然在書上讀過，也從別人口中聽過部分內容，但都沒有像現在這樣，可以把所有的環節結合得這麼完整，這麼能夠讓自己坦率接受。所謂的恍然大悟就是這麼一回事吧。也難怪你能夠掌握到什麼，逐漸改變覺察與行動。」

「這樣嗎？」

我有點害羞。

「雖然真的有許多發現，但我這次的煩惱，好像無法套用冰山理論或剎車理論來解決。」

「我也覺得是這樣。雖然我想透過之前學到的東西幫妳解決煩惱，但不管哪個都不適用。我想應該還沒跟老闆學全，所以才帶妳過來。」

「……原來如此。」

「咦，怎麼了？」

「剛才找老闆商量的態度也一樣，你總是在最後的最後流露出這種『一切都要我幫你』的感覺。我確實也很感謝，但你不需要擺出這種姿態。」

「這是在怪我嗎？還不都是因爲妳那麼被動，我跟妳提過好幾次老闆的事情，妳好不容易才願意過來。我看妳一直在那裡鑽牛角尖，但明明就有那麼多機會可以解決。算了，今天有來就好。」

氣氛變得有點僵。爲什麼像我們這些情侶，總是會這樣吵架呢？爲什麼我們總是完全無法改善關係，一直都走在平行線上？到底是爲什麼呢？

老闆回來了。

「久等了。知美小姐，妳大致聽完了嗎？」

「是的，雖然不是很完整，但我這樣理解下來得到了許多發現，也能理解武史改變的理由了。」

「聽妳這麼說眞令人開心，那麼今天有什麼問題呢？」

「其實她一直煩惱周遭的人際關係，上司我行我素，後輩則是……」

「武史，我自己會說。」

知美口中帶刺地打斷我。老闆看著我們，依舊面帶微笑地傾聽。

「在公司裡與上司及後輩的關係，還有與朋友的關係都令我煩惱。我的工作是業務助理，但上司滿腦子只想著自己要往上爬，團隊的成果幾乎都會被他當成自己的功勞。他雖然在工作上很有能力，但明明在團隊裡工作，卻給人很個人主義的感覺。」

「這樣啊。」

「還有新來的後輩，不管什麼事情都要來問我。雖然我指點她之後，她都會仔細完成，但總是需要我指示她。之前她還問我：『印章要蓋在這裡嗎？』明明文件上就有蓋章的欄位啊，不蓋在那裡，是要蓋在哪裡？眞的很令人傻眼。」

「這眞的有點誇張呢（笑）。」

「對吧！還有另一個棘手的人，她是我高中時就認識的好朋友，雖然人非常好，但只要我的意見和她有點不一樣，她就會一下子變得沮喪。我只不過把自己的想法告訴她而已，她就自顧自地鑽牛角尖。」

知美似乎把想說的話一股腦兒都說完了，看起來神清氣爽。

「原來如此。那麼山田先生，你給了她什麼樣的建議呢？」

終於輪到我出場了。

「我跟她說了老闆之前教我的煩惱剎車。像是『踩剎車的自覺』『一〇〇%不歸咎他人』『無法選擇結果，但可以選擇行動』這些。」

「知美小姐，妳聽完後有什麼感想呢？」

「我覺得自己有歸咎他人的部分，所以決定不要去期望大家會改變，而是自己選擇行動。多虧了這個理論，我能夠有自覺地轉換心態。但是我不知道大家的剎車到底是什麼。老實說，我一直在不清楚這一點的情況下，獨自一個人努力，也讓我覺得很累。」

「原來如此，那麼山田先生，你有其他想說的話嗎？」

因爲老闆流暢地引導，我發表意見時也比較沒有顧忌。

「我認爲在這次的案例中，他們應該也是因爲某種剎車而導致與周圍的關係惡化。我覺得之前老闆給我的建議，比較適用於正在煩惱下一步該怎麼行動或選擇的人身上。但這次聽起來不像他們自己本身的煩惱，反而讓人比較想對他們說：『都老大不小了，能不能振作一點！』所以跟之前的案例似乎有點不一樣……」

唔，我這段話說得好憑直覺啊。如果我能夠更具體地分析課題或更正確地掌握狀況就好了。老闆微笑著拿出一張紙，放在我們兩人的正中央。

「這就是你說的『老東西』吧！」

知美眼光轉向這張紙，看起來一臉期待。

另一個音樂社團

「那麼知美小姐，可以請妳讀出紙上的內容嗎？」

「我看看。五個志同道合的夥伴，在大學裡組成音樂社團。大家推舉F（你）爲團長候選人，並在團員討論之後拍板定案。大家爲了在一年後的音樂大賽取得優勝，日復一日地練習。但每個團員都有自己的課題，實際練習的成果也不如預期。請想想看他們的課題是什麼？以及爲什麼會產生這樣的課題呢？」

F　充滿熱情，立志絕對要在一年後的音樂大賽取得優勝。認爲整個樂團的課題就是如何解決各自的課題。

G　對樂團的優勝不感興趣，一心只想著要進步到職業水準，靠音樂賺錢。即使別人遇到困難，也不打算幫忙。

H　總認爲自己才是對的，即使經過討論也不會改變自己的主張。認爲其他團員沒有能力。

I　因爲兒時創傷，導致只要稍微被嚴格告誡，就會反應過度。爲了敷衍而找藉口或表達意見。

J　優柔寡斷，很少有自己的意見或想法。容易被他人意見左右，行動缺乏一致性，經常等待別人的指示。

「你們難得一起來，可以先請你們一起做做看這個案例分析嗎？」

「好像很有趣！我來試試看。」

知美變得非常積極，彷彿來這裡之前沒有煩惱一樣。

「那麼，我先失陪一下。」

老闆繼續回去流理臺清洗餐具。

「聽起來好像我剛剛說的上司與後輩啊。」

知美立刻先起頭。

五個志同道合的夥伴，在大學裡組成音樂社團。大家推舉F（你）為團長候選人，並在團員討論之後拍板定案。大家為了在一年後的音樂大賽取得優勝，日復一日地練習。但每個團員都有自己的課題，實際練習的成果也不如預期。請想想看他們的課題是什麼？以及為什麼會產生這樣的課題呢？

F	充滿熱情，立志絕對要在一年後的音樂大賽取得優勝。認為整個樂團的課題就是如何解決各自的課題。
G	對樂團的優勝不感興趣，一心只想著要進步到職業水準，靠音樂賺錢。即使別人遇到困難，也不打算幫忙。
H	總認為自己才是對的，即使經過討論也不會改變自己的主張。認為其他團員沒有能力。
I	因為兒時創傷，導致只要稍微被嚴格告誡，就會反應過度。為了敷衍而找藉口或表達意見。
J	優柔寡斷，很少有自己的意見或想法。容易被他人意見左右，行動缺乏一致性，經常等待別人的指示。

圖27　另一個音樂社團

「嗯，是啊，他們的課題到底是什麼？為什麼會變成這樣呢？說到底，他們似乎對團隊漠不關心，也不感興趣啊。」

「他們彼此似乎溝通不足，既不理解對方的事情，對自己的事情也不了解。」

「的確，每個人感覺上都是自顧自地，以自己的情緒為優先，不面對團隊的目標，也不正面解決問題。」

「他們為什麼會採取這樣的行動呢？」

「唔，是因為彼此互不信任，每個人都以自我為中心嗎？」

「那麼你覺得，如果他們彼此互相信任，對組織的目標有共識，產生溝通循環，就能解決這個問題了嗎？」

知美提出的疑問一針見血。彼此溝通不良，對目標缺乏共識確實是重點，但我覺得課題應該沒有那麼簡單。

「這種狀況到底是什麼原因造成的呢？」

我再看一次這次的問題。

他們的課題是什麼，
為什麼會演變成這種局面呢？

「對了，是不是只要某種心態消失，問題就能解決了呢？我們根據老闆教的內容來想想看吧！他們的冰山並不平衡，但是該如何解決平衡不佳的問題呢？他們看起來不太像踩下煩惱剎車。」

「唔，這個新問題是不是光靠之前學到的內容，無法解決……」

我們陷入膠著，老闆暫時回到了這裡。

「怎麼樣？發現本質上的課題了嗎？」

「還沒……雖然可以看懂字面上的課題，譬如他們不是以自我爲中心，就是優柔寡斷，不然就是看起來有創傷，但卻無法知道本質上的課題是什麼。」

我這麼告訴老闆，而知美也接著說：

「我們雖然討論到團隊方向的共識或溝通不足，但也認爲解決這些問題只是治標不治本。雖然我們也試著去找原因，卻覺得找不出明確的共通點。」

第二道剎車

「你們的討論相當接近問題的本質。兩位都非常棒。這個案例的資訊非常多，整理起來應該很辛苦吧。」

我們得到老闆的稱讚，看來方向應該沒有錯。

「那麼我稍微給你們一點提示吧！其實他們都踩了某種共通的剎車，但不是煩惱的剎車。請你們想想看是什麼樣的剎車呢？」

「什麼，他們也有共通的剎車啊？」

我們瞬間呆住了。

「我過五分鐘左右再回來。」

老闆說完又離開了。

「原來如此，阻礙冰山成長的，除了煩惱的剎車之外，還有另一道剎車啊。」

「而這道刹車也成爲阻礙團長F以外的其他四名團員成長的因素呢。」

「到底是什麼刹車呢？自我中心刹車？或依賴刹車？」

「好難喔。也有可能是自我設限刹車或自尊心刹車。」

「但這些好像都不夠貼切，沒有讓人有恍然大悟的感覺……」

「我們好像參加了猜謎節目呢（笑）。」

我們完全想不到答案，這時老闆又回來了。

「如何？想到是什麼刹車了嗎？」

「沒有，雖然想了幾個，但好像陷入了膠著。」

我們將想出來的答案寫在紙上拿給老闆看，並宣告投降。

「你們的答案感覺都不錯啊。這個刹車的名字是我取的，所以也沒有哪個答案是正確還是不正確，而我取的名字……」

我們兩人從吧檯探出身子，朝老闆靠近。老闆露出笑容小聲地說：

「就是『成人小孩刹車』。」

我與知美兩人彼此對看了一眼。

什麼是成人小孩？

「原來如此。我原本以為他們各自有完全不同的課題，所以無法用一句話來概括，但如果是『成人小孩』的話，雖然還是有點似懂非懂，但也覺得似乎用這幾個字眼就能貼切形容。」

「山田先生，你說的沒錯，他們當然都是成人，但其實心裡面都住著成人小孩。」

老闆拿出一張紙，繼續說：

「我想整合他們的特徵就是以自我為中心、缺乏同理心、莫名其妙的執著、心理創傷的影響、缺乏正確的核心思想。」

「的確。」

我們兩人都點頭。

「這些特徵，不就和小孩子很像嗎？」

「眞的，我外甥就是這樣。他們要賴或吵架的時候，就是這張紙上所寫的狀態。」

知美笑著回答。

「這些大人的心裡住著孩子嗎？」

「是的，他們雖然外表看起來是出色的大人，但情感上仍然保留了孩子氣，溝通時會出現一般大人不會有的態度或行動。」

「這麼一說，如果把G與H不考慮旁人、自我中心的想法或態度，當成孩子任性的行爲，確實就能理解。另一方面，與小霸王H相反，I與J就像那種安靜內向，但一被罵就忍不住說謊的孩子呢。」

「沒錯。社會上很多人都會採取莫名其妙的行動，但你們不覺得如果站在『成人小孩』的角度來看，多數都能理解嗎？」

「原來如此，或許我們周遭確實有不少這樣的人呢。」

我回顧發生在自己過去人生當中不愉快的回憶，理解了這些人的行動都能套用到這次的案例。

大人心裡的「成人小孩」
有哪些特徵呢？

- 以自我為中心
- 缺乏同理心
- 莫名其妙的自尊與執著
- 過度受創傷影響
- 缺乏正確的核心思想

圖28　成人小孩

「老實說，雖然有點難以開口，但我覺得那位H跟你有點像。」

話題突然落到我身上，讓我嚇了一跳。的確，或許我剛剛也認定知美沒有能力自己解決問題，頑固地認爲自己應該幫她做點什麼。但是被她這樣明確指出來，還是忍不住想要抗拒。

「沒這回事吧，還不都是因爲妳像案例中的J一樣優柔寡斷，所以我才會這麼做的。妳知道我爲妳費了多少心思嗎？」

這時我豁出去了，把難以開口的話告訴她。

「山田先生，知美小姐或許多少也有點優柔寡斷，但這和她現在點出的事情完全沒有關係。你自己對於她點出的缺點也有自覺吧！正因爲缺點被明確指出來，你才會有這麼強烈的反應，不是嗎？」

老闆難得用嚴厲的口吻訓示我。

「呃……對不起，好像是這樣沒錯……」

我完全無話可說。

「我想我確實有些優柔寡斷。我被當面指出來雖然有點震驚，但或許

圖29　成人小孩剎車

很多時候都是因為自己缺乏自信。老闆，不要說身邊的人了，我們自己也都是成人小孩吧。」

我陷入沉默，一旁的知美則如此說。

「你們兩人能夠坦率表達對彼此的意見，是很棒的關係呢！」

老闆的笑容比以往更溫和。我則是為自己也有成人小孩的剎車而感到驚訝。

「不只你們兩位，我想大家或多或少都有『成人小孩的剎車』。如果在工作上踩了這個剎車，經常都會帶來不良的影響，當然在夫妻關係當中也是。」

我和知美都「嗯嗯」地回應，並用力點頭。

「原來如此。我一直在想你為什麼總是會流露出那種『一切都要我幫你』的感覺，原來是成人小孩跑到臉上來了。」

「是啊，我們彼此都有這樣的部分。這個理論似乎也能套用到在公司裡與下屬或上司的人際關係上。」

「啊，我煩惱的事情……上司、同事與朋友之所以會這麼棘手，有一部分的原因就出在他（她）們的成人小孩身上吧？」

「是的，我想這個可能性很高，所以才會請你們分析剛才的案例。」

鬆開剎車的方法

老闆只是稍微聽了一下知美的煩惱，就什麼都看透了。我續了一杯冰咖啡，知美則加點了熱可可。老闆背對著我們在準備飲料，我呆呆地看著窗外沉思，原來是成人小孩的剎車啊。

「你又在想什麼？」

知美的臉突然擋在街景與我中間。

「是啊，我在想，我們現在已經知道，不管是妳還是我，都有成人小孩的剎車，不是嗎？」

「是啊，光是知道這點就已經是很大的進步了。」

「當然，不過成人小孩的剎車，永遠都無法改變嗎？我在想，如果能夠鬆開這道剎車，工作上能加速得更快吧。」

「老闆，眞的無法改變嗎？」

「如果要深入探討這個話題，永遠都討論不完，所以我就沒有多談，但確實有改善的方法。」

老闆背對著我們，聽我們說話，一邊將準備好的兩杯飲料放在吧檯上，接著說：

「首先你們都已經知道自己與對方的心裡都有成人小孩吧。光是知道這點就已經非常重要了。我最早告訴山田先生的煩惱剎車，也是先讓他察覺到煩惱剎車的存在，才朝不踩剎車的下一步前進的。」

「啊，眞的是這樣。」

「接下來的重點在於，讓人察覺必須將這個成人小孩，培育成眞正的大人。」

「培育成真正的大人……唔，好像似懂非懂。可以稍微再說得更詳細一點嗎？」

「舉例來說，有人小時候被小狗咬到，從此之後就留下創傷，只要小狗靠近就很害怕。山田先生，如果是你的話，會給他什麼建議呢？」

「我會先讓他察覺到這件事。我應該會告訴他，你以前是小孩，所以或許連小狗都覺得很大隻、可怕，但你現在已經長大了，小狗對你而言根本不算什麼，甚至一腳就能踢飛。」

「沒錯，就是要像這樣讓對方有長大成人的自覺，讓他知道自己已經不是小時候的自己。當然，面對已經形成創傷的事情，即使理性上知道也無法立刻不反應，但即使如此，只要自己知道會有這樣的反應是因為成人小孩作祟，而周遭的人也支持自己改善，變化就會逐漸發生。」

「原來如此。」

「換句話說，我只要告訴他：『周遭的人不是什麼也不會，不要覺得他們沒有解決能力，給他們一點信任的空間如何？』就可以了嗎？」

知美插嘴。她的發言雖然讓我如鯁在喉，但我心中成人小孩的剎車，就在我想要抗拒時發動了吧？

「是啊，察覺自己本身的成人小孩，並改善這樣的狀況，並沒有那麼簡單。所以不只自己，面對身邊的人時，也要像撫育他的父母爲他著想，用愛灌溉、培育他的成人小孩，替他加油。我想這麼一來，彼此的成人小孩都能長大成人。」

「原來如此，這樣就能將成人小孩培育成眞正的大人了。」

我覺得到剛才爲止的謎題，大致都解開了。

「此外，針對有些成人小孩出現過度自信或以自我爲中心時，我覺得爲了促使這些人產生自覺，有時候也需要挫挫他們的銳氣。」

「挫挫對方的銳氣嗎？這樣不會招致對方怨恨，或者與對方爭吵嗎？」

「當然多少有點風險，所以需要很小心。但只要建立穩固的信賴關係，關懷對方，爲對方著想，誠摯地進行，我想就能更容易傳達心意喔。」

「啊，老闆剛剛難得嚴厲訓我，該不會就是這個吧？」

我說了這句話之後覺得有點不好意思。

「抱歉，我說得太過分了嗎？」

「沒這回事，我充分感受到老闆的關懷（笑）。我才要爲自己的不成熟道歉。我在這方面確實是成人小孩。我從小就有這個毛病，要改掉應該很花時間，但我想只要別人關懷我，爲我著想，多讓我碰幾次壁，我應該就能漸漸改變吧。」

老闆邊沖別人點的咖啡，邊接著說：

「還有，這個剎車發動之後，難免會受負面情緒控制。所謂的負面情緒指的是憤怒、恐懼、虛榮或炫耀等等。被負面情緒控制的人，無法全面性地思考，也無法再依理性判斷行動。最後造成衆叛親離的下場。他若是主管，下屬便不再願意追隨。控制負面情緒是成長的一大要素，對領導力而言也非常重要。」

「成人小孩剎車」產生的
負面情緒有哪些？

- 憤怒
- 恐懼
- 虛榮
- 忌妒
- 自我表現

圖30　負面情緒

壓制上司的氣焰

我回想了一下，發現自己與團隊成員相處時，似乎也出現了「你們做不到，所以讓我來」這部分的成人小孩。唔，今天的內容也毫無阻礙地深深刺進我的胸口啊……

「但是老闆，鬆開成人小孩剎車，無論自己或對方都要耗費許多能量，而且也無法確定到底鬆開了沒有，不是嗎？這種情況該如何處理才好呢？」

知美在一旁邊聽邊思考，這樣問。她提出這個問題時，心裡想的應該是工作上的事情吧。

「是啊，要鬆開自己的煩惱剎車或成人小孩剎車並不容易，想要鬆開別人的剎車更是困難，所以我覺得不用想一定要成功。這種時候可以抱持『無法選擇結果，但可以選擇行動』的心態。」

「啊，這種情況只要套用之前學到的觀念就可以了呢！」

我懂了，眞的可說是坐而言不如起而行啊。

「是的，不要把焦點擺在鬆開剎車的結果，而是要擺在幫助對方多少獲得一點啓發。」

「我懂了。但還是希望得到更具體的建議。譬如壓制上司高張的氣焰，我想需要高度的技術吧（笑）。」

知美似乎也很享受與老闆的對話。知美的話讓老闆邊點頭邊從吧檯下方拿出一張紙。

「或許一開始就應該告訴你們，思考培育成人小孩時，可以用這張將難度分成四種模式的圖來說明。」

「有四種模式的難度嗎？」

老闆眞的很擅長運用各種比喻或示意圖，我感到相當佩服。

「光靠文字說明不容易理解，所以我做了這張圖。」

老闆說完之後，就開始了他拿手的示意圖說明。

培育的難易度

「這張圖上的圓，愈往外側代表你培育成人小孩的難度愈高。如果用以前的『關注圈與影響圈』來說的話，自己的成人小孩雖然也不容易培育，但還是比別人更有機會，所以屬於影響圈；而最外側的客戶或他人的成人小孩剎車幾乎無法改變，所以屬於關注圈。至於兩者之間的下屬與上司、家人則在中間的交界。」

這張圖確實很像之前我一個人來的時候，老闆給我看的「關注圈與影響圈」的圖。不過感覺分得更細。

「知美小姐也可以根據煩惱的對象，冷靜地想想看是否該努力幫助他鬆開剎車。想清楚之後再行動，效果應該會更好，而且結果不如預期時也比較不會灰心。我發現，到目前為止好像都是我一個人在說，兩位覺得呢？你們要不要再試著討論看看這張圖呢？」

「啊，好的。我們試試看！」

我發現我們自己討論更能掌握加深理解的訣竅，也逐漸開始覺得，透過這樣的討論，讓我與知美有機會互相了解彼此。

「這張圖眞的很有說服力呢！畢竟光是發現、正視自己的成人小孩剎車，就已經很不容易了。」

知美先起頭。

「的確，這是一件很難說出口的事情。但我剛才不客氣地指出了妳的成人小孩，而日後如果還有類似的狀況，我還是會想提醒妳的。」

「畢竟我們日後會成爲夫妻，就讓我們互相關懷、提醒吧！」

「是啊，雖然很難，但也只能花時間培育彼此的成人小孩了。」

「嗯。但下屬卻是個問題吧？」

「就工作上的關係來看，下屬已經是最容易的模式了，但培育成人小孩，仍舊是一件費工夫的事情呢。」

「嗯嗯，這裡的交界區 A，乍看之下雖然簡單，但我覺得還是得慎重處理才行。」

「這樣的話，下一階段的上司與同事不就更難了嗎？老闆雖然建議我們可以抱持著『無法選擇結果，但可以選擇行動』的心態，但該如何面對才好呢？唔……對了，就是因爲這樣，他才會說『不如預期時也比較不會灰心』嗎？」

正在整理桌邊座位的老闆，看起來像在微笑。

「什麼意思？」

知美仔細端詳我的表情。

「讓交界區 B 之後的層級發生變化，眞的很難不是嗎？但如果不知道有這張圖和成人小孩剎車的存在，就會被這樣的上司要得團團轉吧。」

「是啊，我就被要得團團轉呢。」

「所以妳不覺得光是理解『唉，這世界上就是有這種人』，就能減輕自己的心理負擔了嗎？」

「原來如此。負擔確實大幅減輕了，自己本身也似乎因爲這樣而比較

培育的難度
依對象而改變。

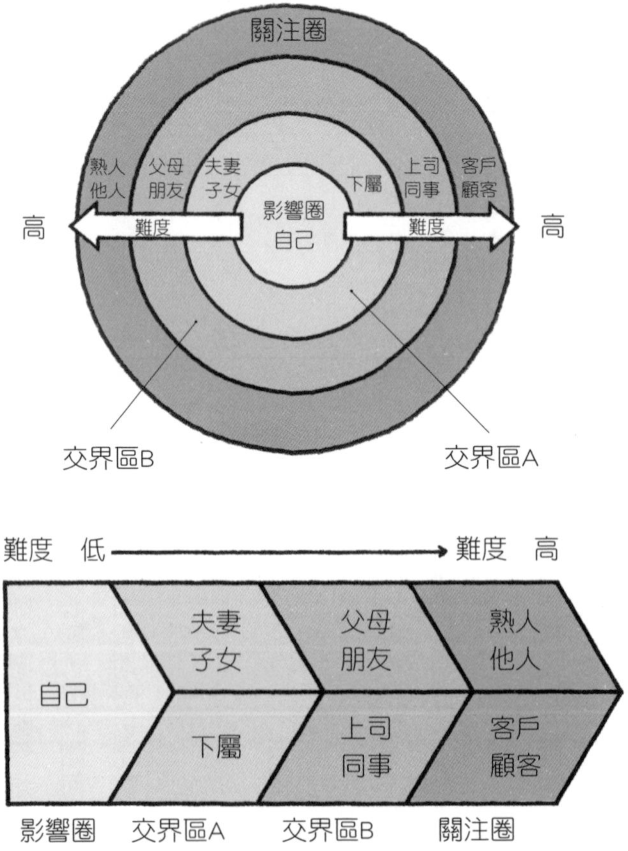

圖31　培育成人小孩的四個難度階段

能夠冷靜以對。『無法選擇結果，但可以選擇行動』原來是這個意思啊！」

「沒錯，兩位的發現都非常棒！」

老闆回來了。

「因爲老闆給我們看的圖很清楚明瞭，所以這次的討論特別順利。」

我有點得意地說。

「這眞是太好了，我剛才也說過，鬆開他人的成人小孩剎車更加困難，所以不需要覺得自己非得成功不可。然而光是理解對方，就不會有那麼強烈的煩躁感了。」

「是啊，多虧了這張圖，似乎讓我看見了日後與各種人相處的方向。接下來只剩下行動了吧？老闆，謝謝你。」

知美看起來很開心，她似乎大致解決了工作上的人際關係問題。

「這麼一來，妨礙成長的兩道剎車，你都看到了啊。」

老闆不經意地說。我的腦中突然浮現出第一次造訪這家店時，老闆給我看的『成長地圖』。

「原來反方向的箭號，就是這個意思啊！」

「咦，你們在說什麼啊？」

知美看起來一頭霧水。老闆像是被猜中了心意，開心地笑了。

「老闆，每次都很感謝你。今天又在這裡待了很久，就先告辭了。」

「啊，等等，這個給你們，是我的一點心意。」

我打開老闆給的盒子，裡面裝著泡芙。泡芙看起來外皮酥脆，我想著裡面濃稠的內餡，似乎美味極了。

「哇！眞不好意思，讓你費心了。眞的非常感謝你！日後武史也要麻煩你了。」

知美也很開心。

「好的。你們都學到了成人小孩的剎車，日後的溝通應該也會改變吧。請你們根據已經知道的原理原則，將成人小孩培育成眞正的大人。也祝福你們能夠組成更棒的家庭。」

我們得到老闆由衷的祝福，眞的非常高興。

「老闆，眞的很謝謝你。除了泡芙之外，這段話對我們兩人來說比什麼都寶貴。」

「很榮幸能聽你這麼說。但其實還有更棒的東西喔！」

更棒的東西？到底是什麼呢？

「我會再來的。」

我說完之後，與知美走出店外。

＊　＊　＊

「我好像也誤會了。」

知美在回家的路上低聲說。

「嗯，什麼意思？」

「你每次說『我這麼做是爲了妳』的時候，都覺得因爲是我優柔寡斷，所以無法解決問題吧。但是，當我覺得是你發動成人小孩剎車時，我也更應該做出自己的抉擇比較好。」

「這樣啊。我也是，我或許也不需要過度擔心妳或周圍的人，而獨自埋頭苦幹比較好。」

「沒錯沒錯，絕對是這樣。我想內在的『小孩』一定還會再出現，我們一起討論，一起成爲『眞正的大人』吧。還有……」

「還有？」

「我可以再找你商量公司的前輩、後輩，還有朋友的問題嗎？」

「當然可以，我們一起解決吧！下次不要再優柔寡斷了，我覺得妳可以有自信地試試看自己的選擇。我會爲妳加油打氣的。」

知美開心地看著我，再度牽起了我的手。

再看一次第3章出現的圖，
回顧第3章帶給我們的發現與學習。

圖32　第3章回顧

第 4 章

促進成長的第一道油門

公司強行灌輸價值觀？

忙碌的十二月初，走在路上到處都能聽到聖誕歌曲。那天我提早結束工作，與朋友一起去找老闆。一走進店裡，老闆就笑著迎接我們。

「山田先生，晚安，好一陣子不見了呢，後來一切都好嗎？」

「晚安，我一切都好，與知美之間也處得很好。雖然準備訂婚儀式很忙，但與雙方家長之間的溝通，也因爲知道了『成人小孩刹車』而順利進行。」

「那眞是太好了。兩位都請坐吧。」

我坐在吧檯前，正式將朋友介紹給老闆。

「老闆，這是我高中時代的朋友伊藤。」

「初次見面，我是伊藤。今天來這裡，很期待老闆的指導。我聽山田說他遇見了很厲害的人，而且他說的時候看起來眞的很愉快，讓我也想直接來聽聽老闆的指教了。」

「這眞是不敢當。大家也覺得我的咖啡很好喝喔（笑），兩位都喝咖啡嗎？」

老闆輕快回答。

「好的，麻煩你了。」

老闆微笑著點頭，著手準備。

「山田，眞的像你說的，感覺很棒呢！你跟我說遇到老闆，他告訴你冰山、煩惱刹車、成人小孩刹車的事情時，我嚇了一大跳。我覺得老闆不是個普通人。」

有了上次的經驗之後，我發現把人介紹給老闆之前，必須將老闆告訴我的內容事先跟對方說一遍，所以我已經先全部告訴伊藤了。

「是啊，所以我今天也很期待。但不知道這次的話題，老闆會如何接招呢？」

「你是說使命、願景、信念的話題嗎？」

「沒錯沒錯。」

我們閒聊時，老闆端來了剛沖好的咖啡。我立刻啜飲一口，香氣高雅，口味細緻。老闆趁著我們兩人「呼」地喘口氣時，找到恰到好處的時機開口問：

「今天是什麼風把你們吹來的啊？」

「我們兩人今天都有同樣的煩惱。伊藤，你先說嗎？」

伊藤在我的鼓勵下，一股腦兒說出了想要商量的事情。

「眞是不好意思，才剛見面就立刻切入正題。是這樣的，我最近剛跳槽到飯店業，那裡每天早上都要複誦使命、願景、信念，只是眞要說起來，大家給我的感覺都像是被公司或上司強迫似的。儘管上司說：『如果不確實記住信念，使信念成爲自己血肉的一部分，就沒辦法成爲一流的飯店業者。』」

「原來如此。」

「雖然我隱約知道擁有共同的使命、願景、信念很重要，但過度被公司灌輸價值觀，也讓我覺得有點喘不過氣。就在我開始煩惱換到這間公司是否正確時，剛好在高中同學會遇到了山田。」

「我覺得老闆教我的事情對伊藤的煩惱也有幫助，所以就把之前的內容跟他說了。」

我的說明讓老闆開心地點頭。

「我聽山田說了冰山與煩惱剎車後恍然大悟，發現自己好不容易才下定決心挑戰新領域，卻一下子就踩下煩惱的剎車。後來我踩剎車的情況雖然大幅減少了，但還是不知道該如何對這種強行灌輸的使命、願景、信念的事釋懷，於是就拜託山田帶我來這裡。」

「原來是這樣啊。爲了幫助伊藤先生進一步成長，我也得加油才行呢！」

老闆搞笑似的握起拳頭。接著輪到我了。

「那麼，接下來就由我來報告吧（笑）。最近我們公司換了新社長，經營理念與方針都變得截然不同。以前沒有深入思考過經營理念與行動方針，也就是使命、願景、信念的問題，一旦改變卻讓人莫名在意。所以我和伊藤就討論了，經營理念與行動方針真的那麼重要嗎？或者這只是被強迫灌輸的觀念呢？」

「原來如此，所以你們兩人就一起過來了。」

「是的。」

我們兩人看著老闆的眼睛點頭。今天老闆會拿出什麼樣的圖呢？我滿懷期待。結果老闆出乎意料地沒有拿出圖，而是從提問開始。

支持內心的話語

「我想請問兩位，在人生或工作上，有沒有什麼寶貴的格言或判斷標準，是你們隨時擺在心裡，或是你們遇到問題時的參考依據呢？支持你們的話語也可以。」

唔，支持的話語……好像有，又好像沒有。我還在思考時，伊藤立刻就開口了：

「我考大學時，模擬考成績一直達不到理想學校的錄取標準。我記得那時看到『夢想不會逃跑，逃跑的一直都是自己』這句話，才能一再重整心情，繼續用功努力。」

老闆笑著點頭。原來如此，我也有這種經驗。

「我也在達不到業績時，靠著『打起精神就什麼都能做到』這句話鼓舞自己。對了，還有……」

「還有？」

「我在猶豫該不該告白的時候，也因爲『寧可做了再後悔，也不要後悔什麼也沒做』而決定鼓起勇氣告白。雖然最後被擊沉了（笑）。」

伊藤滿臉笑意，因爲他也認識那個女孩。

「非常棒的分享。果然你們在面對阻礙或試煉時，都有幫助自己度過在你的人生或工作中，有沒有什麼寶貴的格言或判斷標準，是你會隨時擺在心裡，或遇到課題時的參考依據呢？

難關的話啊。你們心中應該有不少類似的支持話語吧。接下來第二個問題，你們兩位可否告訴我將來希望透過工作成就什麼樣的自己？或是你想在工作中做什麼？」

依然是伊藤先回答。

「我總是想有一天能做讓人展露笑容的工作。我之所以會跳槽到飯店業，也是因為我想知道能讓顧客開心的接待方式與細節。我希望能夠累積各種經驗，有朝一日成立自己的公司。」

伊藤侃侃而談，我覺得有點心虛。

「伊藤眞是太厲害了。很可惜我似乎沒有這麼明確的目標。我只覺得如果能與公司的夥伴齊心合作，大家一起成長就好了。」

老闆似乎顧慮到我的心情，以溫柔的眼神看著我。

「原來如此，伊藤先生，你有清楚的目標是一件非常棒的事。山田先生，你似乎還沒有明確決定這個部分，但也不需要因此而感到灰心。不是每個人都非得要有目標或想要實現的理想不可，而且我想察覺到這一點之後，你今後也能逐漸找到想做什麼，或想達成的目標的。」

老闆說完之後，將兩張圖拿到我們面前。

「可以用這張圖來表達你們所說的話。」

終於拿出圖囉，我們兩人相視而笑。

信念的意義

「第一張圖的右上角，是個人將來的目標，以及想做的事情，而一年後及三年後的目標則是邁向這個目標的里程碑。至於右下角這個三角形，是幫助個人在邁向目標的途中，度過試煉及難關的話語，或是不走偏的觀念。」

「原來如此，畫成圖之後，各種組成的相對關係就變得很清楚。這就

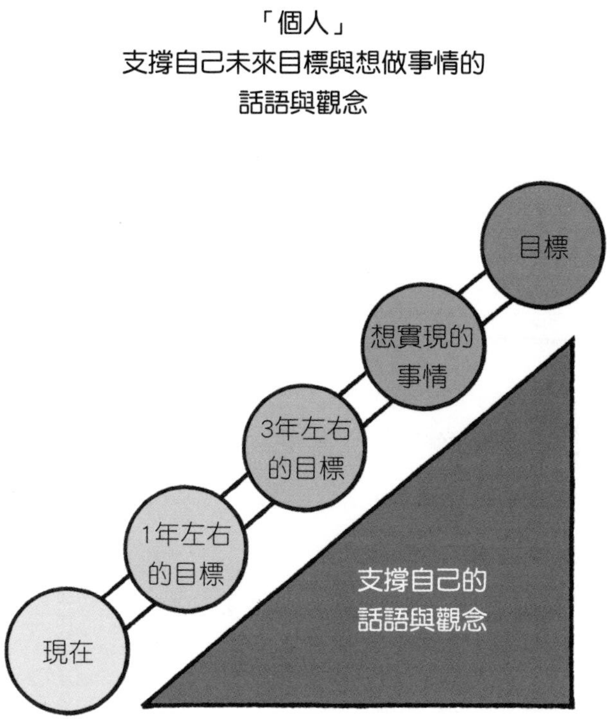
「個人」
支撐自己未來目標與想做事情的
話語與觀念
目標
想實現的
事情
3年左右
的目標
1年左右
的目標
現在
支撐自己的
話語與觀念

圖33　個人目標

是山田所說的，老闆自製的圖吧？」

老闆聽伊藤這麼說，開心地回答：

「是的，我的興趣就是將各種觀念製成圖表。接下來可以請兩位告訴我，你們公司的經營理念嗎？」

我還在揣測老闆想要告訴我們什麼的時候，身旁的伊藤回答。

「我們公司的使命是『打造一輩子難忘的歡笑片刻』，信念則是『CS7行動』。」

「山田先生呢？」

「我們公司現在的使命是『持續想像、創造資訊未來社會』，以前則是『透過IT開創未來的可能性』。信念則是寫在這本記事本上的『持續挑戰，不害怕變化、不設限』。」

「你們兩位的公司，都有非常棒的使命與信念。第一張圖是針對『個人』，這張圖則是『公司』的使命、願景，信念。你們可以試著比較這兩張圖。」

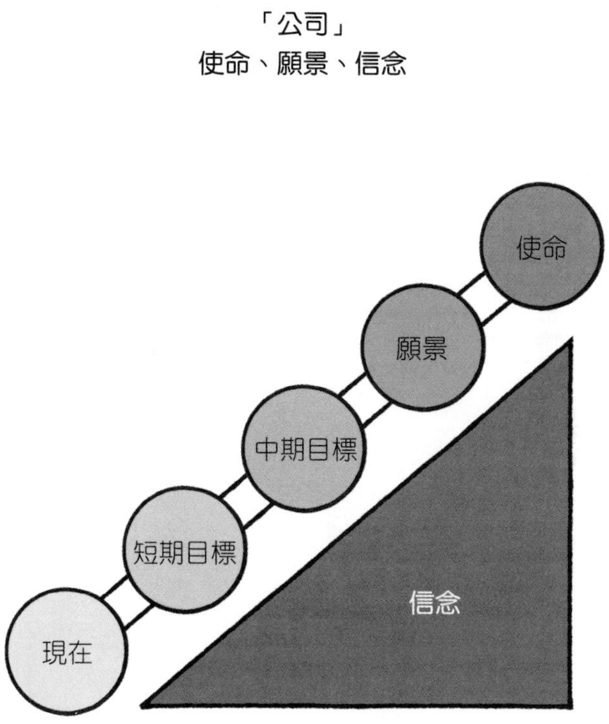

圖34 公司目標

老闆邊說，邊指著第二張圖。我與伊藤比較了這兩張圖，想了一陣子。

「啊，雖然文字內容有點不一樣，但意思和相對關係都是一樣的！」

我也想到了同樣的事情，但被伊藤搶先一步回答。

「沒錯，公司也好，個人也好，都有使命或想要達成的理念，並且為了實現這個使命或理念而設定了里程碑與目標。而讓員工或自己每天確實朝著這個目標努力，就需要信念。」

「原來如此，公司與個人都是一樣的。」

看來伊藤大致上逐漸聽懂了。而我也不甘示弱接著說：

「雖然兩者大致相同，但個人不像公司，很少用言語表達這些東西。公司雖然將使命與信念化為言語，但卻讓人有被迫接受這些言語的感覺。所以儘管內容實際上很棒，卻讓員工想要稍微抗拒，不想認真理解。或許就是因為這樣，大家才沒有認知到兩者幾乎是相同的內容。」

「山田先生，你的分析很棒。」

老闆的稱讚，讓我有點得意。

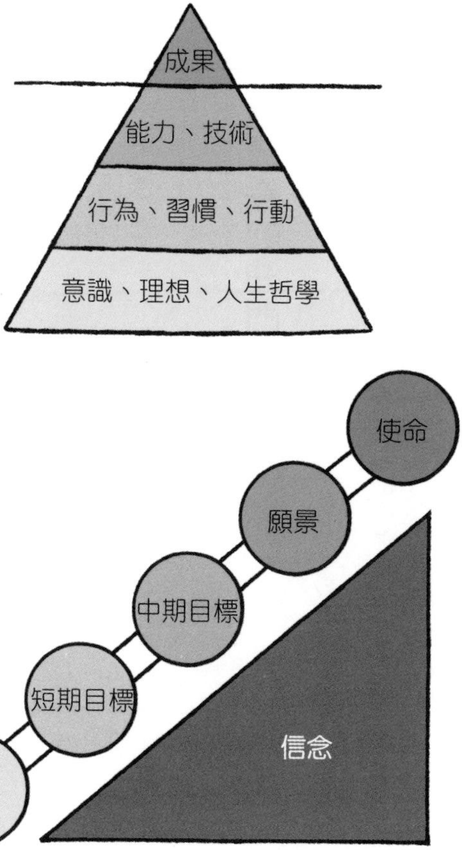

圖35 冰山與使命、願景、信念的關係

「這樣的看法，和以前提過的冰山也很接近喔。」

老闆邊說，邊拿出第一次見面時，給我看的冰山圖。

「啊，真的耶。理想與人生哲學對應到使命與願景，行爲與行動就對應到信念。」

這次我爲了不輸給伊藤而急忙回答。咦，成人小孩好像跑出來了。

促進成長的油門

「原來如此啊。有某種目標，或是爲了產生結果而懷著理念與理想，注意自己的行爲與行動很重要。」

伊藤也不甘示弱地說。

「你們好像在玩搶答遊戲喔（笑）。」

被老闆看穿我們的行動雖然有點不好意思，但這樣的對話也極有樂趣。

「那麼，差不多可以來看這張圖了吧？」

老闆邊說，邊拿出了幾乎慣例必看的圖。

「啊，這張就是山田所說的，標出每個重點的『成長地圖』吧！」

眞不愧是伊藤，立刻就反應過來。

「是的，我想即使我沒有說明，兩位一點就通，也能知道今天說的內容對應到圖上的哪個部分了吧？」

「老闆提高了難度，讓人回答起來很緊張啊（笑）。」

我雖然先笑著打預防針，但最早聽老闆說明的人是我，這時候必須確實回答出來才行。

「這個嘛，我好像差不多知道了。今天的主題和前兩次相反，討論的是『促進成長的油門』吧！」

「原來如此！我們質疑公司的使命與願景，也確實關係到成長的原理原則。」

「兩位說的都沒錯。除了不踩剎車之外，把擁有穩固的核心思想當成促進成長的油門，對於壯大自己的冰山也非常重要。而這個核心思想就是自己的人生哲學、使命、願景、信念。」

無論是我，還是伊藤，都在不知不覺間透過思考，得到了學習與發現。我想帶領我們的老闆，就是所謂的導師，而且還是最強的導師不是嗎？

「唔，原來如此。自己的人生哲學與理念嗎？的確，回顧自己到目前為止的人生，有幾次在碰壁或遇到試煉時，如果沒有這些幫助我的支持語言或觀念，確實可能就一蹶不振了。在人生當中，擁有難以撼動的核心思想，就是成長的油門吧！」

我再次感受到老闆教我的內容蘊含深意。

「這段話相當發人深省。我很慶幸今天可以來這裡，謝謝老闆。」

伊藤一本正經地向老闆道謝。

「快別這麼說。我也謝謝你們，我從大家身上學到很多。」

老闆的這句話讓我覺得不可思議，他可以從我身上學到什麼啊？

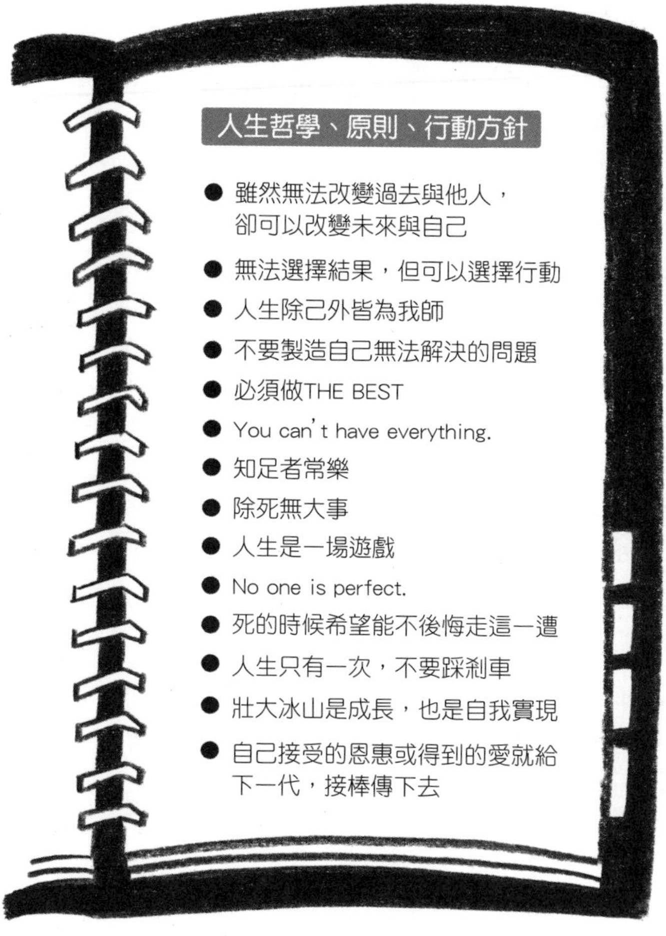
人生哲學、原則、行動方針
● 雖然無法改變過去與他人，
卻可以改變未來與自己
● 無法選擇結果，但可以選擇行動
● 人生除己外皆為我師
● 不要製造自己無法解決的問題
● 必須做THE BEST
● You can't have everything.
● 知足者常樂
● 除死無大事
● 人生是一場遊戲
● No one is perfect.
● 死的時候希望能不後悔走這一遭
● 人生只有一次，不要踩剎車
● 壯大冰山是成長，也是自我實現
● 自己接受的恩惠或得到的愛就給
下一代，接棒傳下去

圖36　老闆的記事本（人生哲學、行動方針）

「順帶一問，請問老闆的人生哲學或行動方針的話語是什麼？」

又被伊藤搶先一步。我也想到完全相同的問題，老闆的座右銘激起了我極大的好奇。

「說來有點不好意思，我把自己喜歡的話寫在這本記事本裡。」

老闆給我們看一本稍大的記事本，裡面滿滿地寫了好幾頁。

「哇，好驚人，有這麼多啊？」

「是啊，畢竟人活得久了，就會經歷過許多的難關與試煉（笑）。」

「裡面也有老闆之前告訴過我的話。像是『無法選擇結果，但可以選擇行動』或『No one is perfect.』之類的。這句『人生除己外皆爲我師』是什麼意思？」

「這是我從小就聽父親說過的話。意思是在人生當中，周圍的人全部是自己的老師。我的解釋是，任何人不管看起來缺點再多，只要改變自己的想法，都有許多可以學習的地方，所以必須常常保持謙虛。當然小時候幾乎不懂，直到很久以後才領悟到這句話的眞義，並一點一滴體現在外。」

父親的話

「哇，老闆的父親也有崇高的品格呢。」

伊藤說完之後，我恍然大悟。

「對了，老闆剛才說從我們身上也能學到很多？」

「是的，所有人都是我的老師。當我開始這麼想之後，真的就隨時能從許多人身上學到很多東西。」

「原來如此，老闆的哲學與行動方針之一，就是『人生除己外皆我師』，難怪老闆的態度能夠這麼謙虛、坦率，從別人身上學習，而這就成了成長的油門。」

「哪裡哪裡，這也不是什麼了不起的事情。」

老闆真的很謙虛。後來我們也逐一詢問了記事本上話語的意義與背後的故事，感受到它們的深度而感嘆不已。

「我再次感受到解讀語言因人而異。」

伊藤也接在我後面說：

「表面上的膚淺理解，與掌握本質並懂得活用，眞的有天壤之別。」

我的心情並不沉重，但我們都深陷思考，所以臉色都相當嚴肅。日後，我們想必也必須在遭遇重重阻礙的過程中，像老闆一樣體現這麼多話語，產生難以撼動的核心思想。我聽老闆說話時，突然想起一件事。

「我突然想到，小時候父親曾對我說：『去試試看吧，我相信你。』後來每當我想要挑戰新事物時，就會想起這句話。」

「這個例子正好說明了你從與父母、前輩、摯友的回憶中，或是難過時從書中讀到的話，找到了自己行動的方針。我想由於這些回憶深深刻畫在自己一路走來的過程當中，所以也強烈反映在行動方針上。」

我覺得老闆的話讓我更了解自己了。

「原來如此，我也來回想一下。」

伊藤似乎也想到了什麼事情。

「雖然公司有公司的理念與行動方針，但如果自己的人生也有強大的理念與中心思想，似乎就能減輕迷惘，比較能夠勇往直前。我想如果擁有自己的中心思想，應該就能用力踩下正確的油門前進吧。」

我說完之後，身旁的伊藤也用力點頭說：

「我也會像老闆一樣，抱持著『人生除己外皆爲我師』的信念，從許多人身上吸收能夠成爲自己中心思想的事物。」

我雖然還想聽更多老闆記事本裡寫下的話語跟故事，但聽了一輪之後發現太過深奧。我想要冷靜下來，仔細咀嚼每一句話。下次一定要再找時間過來聽老闆說。

今天也從老闆這裡聽到了許多內容，令人豁然開朗。到底要有什麼經歷才能變得跟老闆一樣呢？我雖然對今天所說的中心思想與促進成長的油門很有共鳴，但還是有什麼東西堵在心中。我含了一口冷掉的咖啡，稍微想了一下，逐漸弄清楚自己想問的事情。

自己的方向與公司的方向

「但是老闆，公司的理念與自己人生的理念不一樣吧？人只要待在團體裡，就非得扭曲自己的理念，迎合公司的理念不可嗎？」

伊藤也點頭，好像在說：「沒錯沒錯，今天想問的就是這件事」。老闆一副「你們果然還是問了」的樣子，如此回答：

「你說的沒錯（笑）。接下來終於要進入這個部分了，只不過我希望你們在這之前，都能理解使命、願景、信念的本質，所以才繞了一點遠路，占用了不少討論的時間。」

原來如此，或許就如老闆所說的，我們明明完全不了解使命、願景、信念，卻只從批判的角度來看待公司所做的事情。

「那麼，你們可以比較這張圖中的兩種狀態嗎？」

圖又出現了。老闆真的像魔術師一樣，有節奏地變出戲法。

「如何？圖上有 A 與 B 兩種思維，兩位覺得哪一種比較接近工作與個人的人生呢？你們覺得 A 與 B 分別代表什麼意思呢？」

「這個嘛，A 是個人與公司的方向完全相反。B 雖然沒有完全重疊，卻是兩者並行的感覺。」

伊藤依然回答得很好。我也接著回答：

「換句話說，A 思維的狀態是，公司的使命、願景、信念終究只是工作上的價值觀，與個人完全無關。至於 B，個人與公司在思維與價值觀上沒有那麼大的差別，雖然不是完全一致，但終究還是朝著相同的方向前進……」

我雖然講得很順，但心中仍舊殘留了霧裡看花的不暢快感。

「老闆，話雖如此，但老實說，我覺得自己並沒有充分理解。」

老闆對誠實自首的我回以溫柔的笑容，並且開口說明。

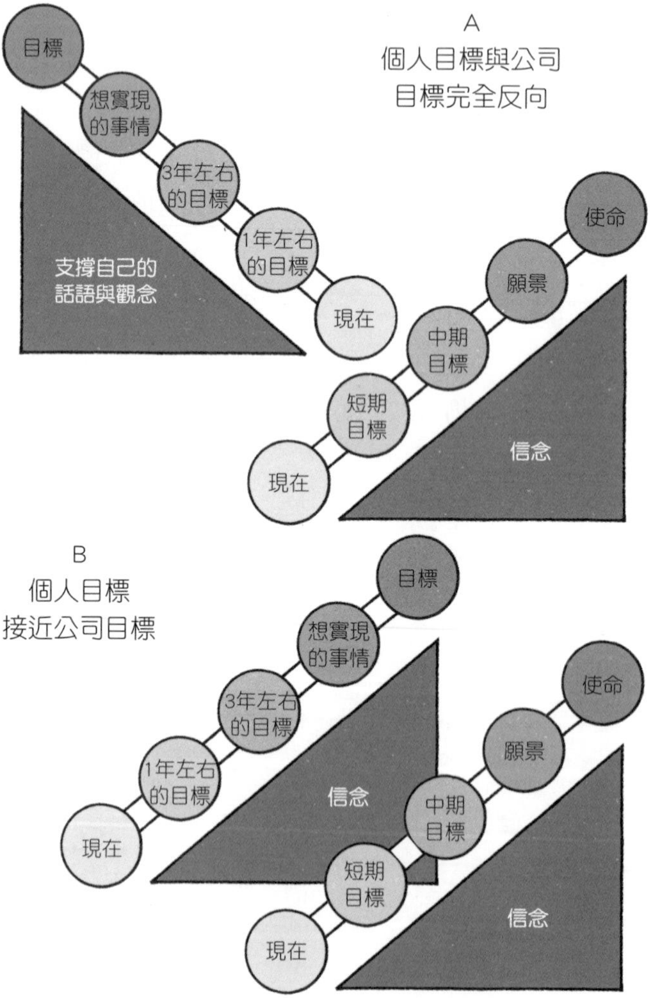

圖37　個人目標的方向與公司目標的方向

擺脫成見，思考方向

「嗯，這件事情非常困難，今天無法徹底理解也完全沒有關係。只要在思考時嘗試大致掌握兩者的差別，我想就能逐漸成為你成長的食糧。記得我之前曾經說過，即使只是得知煩惱剎車與成人小孩剎車的存在，也會漸漸有所改變嗎？」

「記得，確實光是這樣就一點一滴地改變了。」

這正可說是我的經驗談。

「現在說的事情也一樣，只要想到個人的使命、願景、信念，或許不完全與公司反向，而是兩者能維持並行、互補或合作的關係，我想情況也會逐漸變得不同。此外，也不需要勉強去迎合 B 的思維，只要逐漸建立 B 的生活與思考方式，想必也能產生加乘效果，在人生中，更能充分掌握工作時間及個人成長。」

我與伊藤都對老闆能說出這麼出色的信念佩服地五體投地。正當在我思索接下來要說什麼時，聽到後面桌邊的客人呼喚老闆的聲音。

「啊，抱歉，我要去爲那桌的客人點餐，失陪了。你們可以利用這段時間，重新檢視自己公司的使命、願景與信念。」

我們眞心對占用老闆太多時間而感到抱歉，但抱歉敵不過想要更加了解本質的欲望，於是我們就乾脆賴在店裡了。

「好的，你去忙吧，還是要以本業爲優先（笑）。我們會重新看看公司的記事本。」

我們兩人翻開記事本，並且連上公司官網確認公司的使命、願景與信念，試著去思考公司與自己人生方向之間的關係。

不久之後老闆回來了，他問我們：

「重新檢視公司的經營理念與行動方針後，有什麼想法嗎？」

我重新翻閱記事本時就已經認輸了。

「有，我感到很驚訝。因爲雖然看的還是相同的句子，但現在的感覺卻與以前完全不同。偏見竟然會讓同一件事情看起來有如此大的差異。」

「我也是，這麼認眞地看公司記事本還是第一次（笑）。大概是因爲我不像以前那麼抗拒，可以坦率地覺得好觀念就是好觀念吧。」

伊藤的感想果然和我類似。老闆似乎爲我們兩人的發現感到開心。

「這眞是太好了。我也很喜歡以前公司的理念與行動方針，而這也爲我個人現在的中心思想帶來很棒的影響。」

「原來是這樣啊。不好意思，可以請老闆說說你的使命和願景嗎？」

我厚臉皮地提出今天最後一個要求。

「雖然不是什麼了不起的內容，但我也有自己想要全心全意實現的小小理念。首先是使命，我的使命其實與之前的公司相同，那就是『Growing Together』，也就是『與參與的人共同成長』，即使離開上一份工作，我依然非常喜歡這個理念。」

老闆這麼說，眼神看起來清澈堅定。

「接著是願景，我的願景是『支持擔負下個世代的人，讓他們爲社會

你現在或以前公司的使命、願景、信念，
與你人生的目標或方向相反嗎？

的發展與人類的幸福帶來貢獻』。當然，提供好喝的咖啡與舒適的空間給光臨這間店的顧客，也是提供讓他們邁向明日成長的糧食（笑）。」

「好棒的使命與願景！」

所以老闆才能做得到認真思考、協助大家的成長。難怪我從老闆身上感受到的不是單純的興趣或休閒，而是他的理想與熱情。

「老闆，眞的很謝謝你陪我們這麼久。老實說，我還不知道該如何具體應用在日常生活中才好，但我應該會將公司理念也套用在自己的人生裡，從明天開始一點一滴地成長。」

「嗯，畢竟這就是『從經驗中學習，坐而言不如起而行。』山田先生與伊藤先生都請漸漸地磨練自己的核心思想吧！」

店裡的人也開始多了起來，再不放老闆回去做他本業的工作不行了，於是我與伊藤兩人禮貌地向老闆道謝之後，離開店家。

＊　＊　＊

室外現在冷到幾乎要下雪。伊藤在回程路上低聲對我說：

「山田，我原本對自己跳槽到現在這間公司沒什麼自信，但今天跟老闆聊過之後我想起來了，這間公司吸引我的就是他的企業理念：『打造一輩子難忘的歡笑片刻』。」

伊藤有點靦腆地繼續說：

「我爸自己開店，非常忙碌，完全沒有辦法全家一起旅行。但小學六年級的時候，全家人第一次也是唯一一次一起去了伊豆。我忘不了在那裡和家人一起創造的回憶。老爸總是拚命工作，一工作就換上撲克臉，只有在旅行的時候才露出笑容，我眞的很開心。」

「哇，你有很棒的回憶。」

「是啊，我心裡希望能爲其他人提供這樣的空間，所以才選擇了現在這個工作。我雖然模糊地想要創業，想要開設更接近這個理想的公司。但我今天發現，在現在這間公司工作，與其懷著不滿與煩惱，不如不踩剎車，全力以赴爲更多人提供歡笑的片刻，畢竟這不只是公司的理念，也是我的理想。你帶我來見老闆眞的太好了，謝謝你。」

我聽了伊藤的話感動到眼眶泛淚，都忘了天氣的寒冷。

「哈哈，你可以請我吃高級牛排當作回禮（笑）。我們在彼此的領域一起加油吧！」

「那就期待下一次見面，掰囉！」

伊藤離去的背影，看起來充滿了想爲許多客人帶來笑容的決心。我看著他遠去的身影，由衷感謝與老闆的相遇。我煩惱、迷惘的時候，很少有人能夠像老闆這樣聽我傾訴，我因此獲得了一點發現與學習。與老闆相遇，讓我深刻感受到像老闆這樣的指導者有多麼重要。不只是今天的伊藤，小優也是，知美也是。在咖啡店與老闆的談話，對我們整理心情帶來多大的幫助！

「老闆眞的是教人積極面對人生的導師呢。導師……咖啡師……老闆……」

我自言自語地說道，接著我進一步發現：

「啊，老闆絕對不只是一名咖啡師吧！原來如此，此師非彼師啊！」

路人聽到我的聲音驚訝地回頭，我那時似乎笑容滿面。

再看一次第4章出現的圖，
回顧第4章帶給我們的發現與學習。

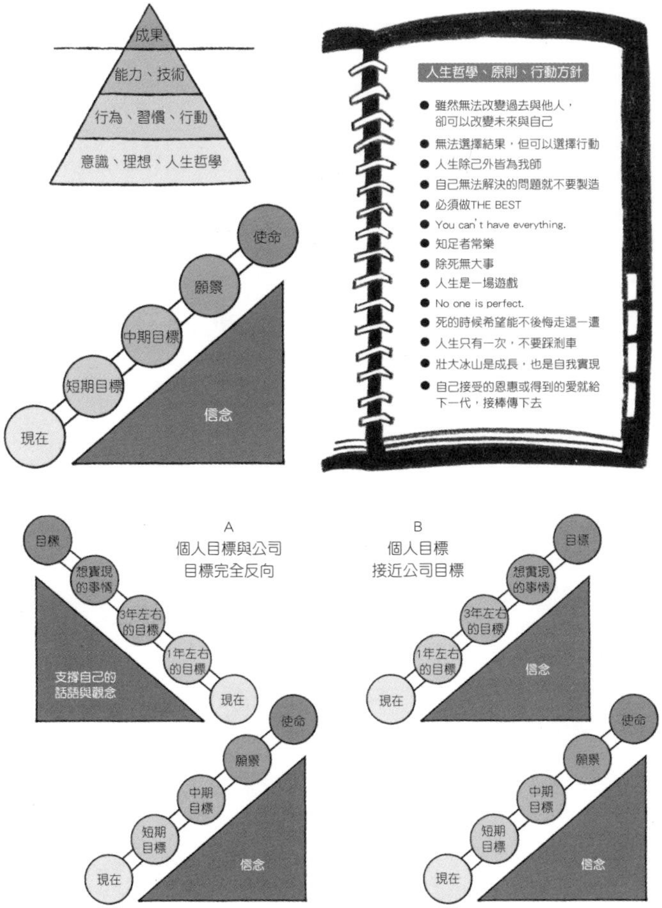

圖38　第4章回顧

第 5 章

促進成長的第二道油門

求職生的單純疑問

天氣從嚴寒中解放，溫暖的日子逐漸增加，時間已經來到三月中旬。我造訪睽違已久的老闆。一方面是因爲公司旺季非常忙碌，另一方面也是因爲我覺得實踐老闆所教的事情需要時間。畢竟光說不練是不夠的，還必須親自體驗才能獲得新的發現與學習，這也是認識老闆之後學到的事情。我雖然不知道能夠成長多少，但還是希望造訪咖啡店時，自己能多少有點成長。

「老闆，好一陣子不見了。」

「你好，山田先生。之前和你一起來的伊藤先生也一切都好嗎？」

雖然幾個月沒見了，老闆依然不忘招呼我。

「都好，雖然後來他也遇到了阻礙，但他說他想起老闆的指導，一邊在心裡默唸能爲自己催油門的支持話語，一邊努力。」

「這樣啊，眞是太好了。」

老闆面帶微笑看著我帶來的同件。他身穿白色襯衫，繫著一條藍色條紋的領帶，外面又罩著一件純黑色的求職西裝。他立刻向老闆打招呼。

「初次見面，我是早慶大學三年級的高橋。今天來這裡是爲了採訪校友山田學長。」

我覺得他這樣說好像我在這間咖啡店上班似的，算了，就這樣吧。沒錯。今天造訪咖啡店與其說是來接受老闆的指導，不如說我自己才是指導別人的人。

「他是我大學社團的學弟，我們約在這裡見面。」

「原來是這樣，那你們慢慢聊。」

今天不像平常坐在吧檯，而是坐在桌邊的座位。我們兩人都點了熱咖啡。

「山田學長，那麼就正式麻煩你了。今天請多多指教。」

「彼此彼此。我們能夠見面也是有緣，有任何問題都不要客氣。」

我選擇桌邊座位也是這個目的。

「謝謝。那我可以馬上提出問題嗎？」

「好的，請說。」

他剛開始看起來很緊張，但等到問完一輪我公司的工作內容與人事制度之後，看起來似乎放鬆了一點。接著我邊聊邊穿插著老闆教我的事情，而他也因爲學到了許多面對今後工作與平日自己的方法而感到開心。

「對了，高橋，你想做什麼樣的工作呢？」

「我目前想找業務工作。但老實說，我有一些地方不是很清楚。學長，可以請問你一個問題嗎？」

「嗯，什麼問題呢？」

「學長，你工作是爲了什麼呢？」

他拋了一個我意想不到的問題，嚇了我一跳。唔，這麼一說，自己是爲了什麼而工作的啊？被他這麼若有其事地一問，我也不知道該如何回答。我只有模模糊糊的想法，似乎很難好好回答他。

工作是為了什麼呢？

雖然我覺得突然把問題丟給老闆很失禮，但心想這個問題還是只能拜託老闆了。於是我回答：

「我問一下老闆吧。老闆非常照顧我，也給了我不少指導。」

「好的，我也很想聽聽老闆的說法。」

最後我們還是從桌邊座位移動到平常的吧檯座位，並向老闆提出了相同的問題。老闆正在擦杯子，儘管面對突如其來的提問，依然笑著答應。高橋雙眼發亮，等待老闆的回答。

「那我來說個故事吧。這是我非常尊敬的一位恩師告訴我的。高橋先生，可以請你讀出來嗎？」

老闆邊說，邊拿出一張紙。高橋以稍高的音量開始唸：

「古希臘時代有三個石匠。他們每天汗流浹背，一心一意切割石頭，領相同的薪水工作。這時出現了一位旅人，他問這些石匠：『你們切割石頭是爲了什麼呢？』」

第一個石匠　當然是爲了賺錢啊。

第二個石匠　我工作是爲了將來成爲技術高超的石匠。

第三個石匠　我現在切割的石頭，以後會變成宏偉教堂的基石，鎮上的人未來數百年都會繼續造訪這座教堂。我很高興能夠從事這份工作。

高橋似乎能夠領會這個故事的意義。

「三人工作的意義完全不一樣。他們明明領著相同的薪水，從事相同的工作，卻像完全在做不同的事情。」

高橋坦率地說出感想。我已實際出社會工作，又像哪一個石匠呢？

「我想你們讀了這篇文章都有一些感想，但接下來我想先刻意不討論這篇文章，直接進入下一個主題。」

古希臘時代有三個石匠。他們每天汗流浹背，一心一意切割石頭，領相同的薪水工作。這時出現了一位旅人，他問這些石匠：「你們切割石頭是為了什麼呢？」

第1個石匠　當然是為了賺錢啊。
第2個石匠　我工作是為了將來成為技術高超的石匠。
第3個石匠　我現在切割的石頭，以後會變成宏偉的教堂基石，鎮上的人未來數百年都會繼續造訪這座教堂。我很高興能從事這份工作。

圖39　三個石匠

老闆說完後，又拿出了一張圖。老闆提出問題時，不會針對某個主題匆忙下結論，而是會準備下一個主題，讓我們深入思考、獲得發現，最後能以掌握全貌的觀點領悟，而得以反躬自省。我邊感到佩服，一邊豎起耳朵傾聽。

「這張表格是爲了知道大家工作時，期待獲得什麼回饋或報酬而設計的。如果用成長來取代，也能知道『爲什麼想要成長？』的成長動機。首先你們覺得，ABCD這四區分別應該填入什麼呢？」

從ABCD這4個角度來看工作的
回饋或報酬，你會填入什麼詞彙呢？
大家也可以想一想。

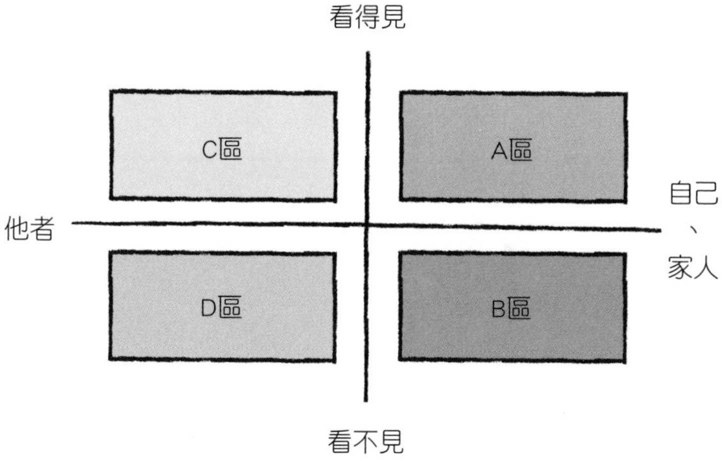

A	
B	
C	
D	

圖40　工作期待的回饋或報酬

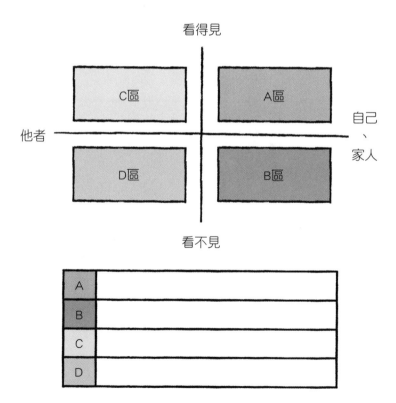

期待的回報

「唔，這好難喔。」

我嘟囔著說。

「那我們從Ａ區開始好了。Ａ區是看得見的報酬，爲了賺給自己與家人用的，對吧？」

高橋爽快地起了個頭，他雖然年輕，卻挺優秀的。

「說的也是，全部一起想會搞混，還是一個一個來吧。」

我這次沒有讓「成人小孩」跑出來，而是坦率地遵循高橋的引導。

「這個很容易想到，應該是薪水或頭銜吧？」

高橋偷看老闆的表情說道。

「是的，你說得沒錯。」

老闆點頭。

「B區則是自己與家人看不見的報酬。嗯……價値感之類的嗎？」

高橋有點沒自信地說。

「是啊，或許自我成長之類的也是。這些雖然看不見，但人們工作也不會只爲了錢。」

我也開始有點理解了。

「接下來才是問題，C區是爲別人提供的、看得見的報酬是指什麼呢？在公司除了自己之外，應該就是客戶或顧客了吧？」

「原來如此，高橋的想法眞不錯。此外還有同事與下屬吧？」

「有什麼東西是看得見的，並且在取得之後，會變成自己的報酬或喜悅呢？我還沒開始工作，所以很難想像。」

「既然如此，我這個社會人士就非得回答這題不可了呢（笑）。下屬加薪或升職應該會讓人開心吧。還有，如果客戶因爲我們的服務而業績提高，也會讓人很有成就感。」

「山田先生，這個答案很不錯呢。」

老闆微笑著聽我們對話。

「那麼，終於到了最後的D區了，這區是指別人看不見的回報吧。這裡和剛才的C區一樣，都是下屬的成長之類的嗎？」

「高橋，你很有概念嘛。我以前只關心自己的成長，但現在也會真心為下屬的成長而感到欣慰了。就這點來看，我也稍微有所成長了吧（笑）。」

我說完之後，老闆接著補充：

「沒錯，D區就如山田先生所說的，是下屬或夥伴的成長、顧客或公司的發展與幸福等這種宏觀的概念。把這些答案寫下來，就會變成這樣。」

老闆拿出一張四個區域分別填入適當文字的圖。

「接下來還想請你們做一件事情。」

「好的，做什麼都可以。好有趣喔，大學的課明明那麼無聊，在這裡上課卻讓人既興奮又期待。」

高橋毫不厭煩地露出笑容回答。

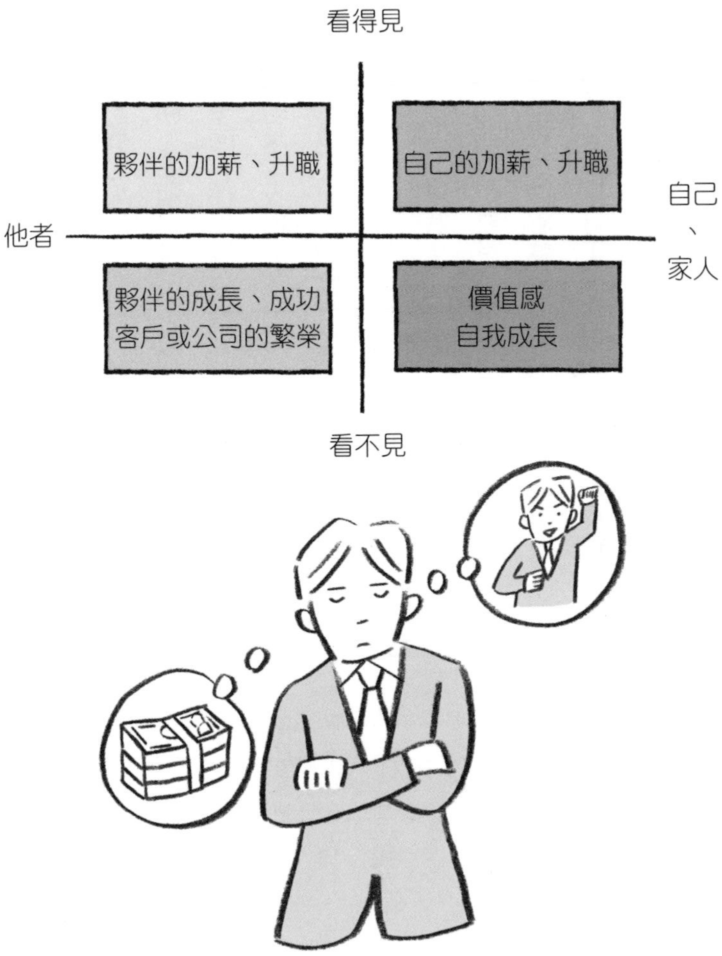

圖41　成長的果實

「我想請兩位做的事情是，請你們利用箭號的粗細與長度，表現出這四區的動機在你們工作中所占的比重大小。」

「動機的大小？有點像薪資期望值之類的嗎？」

我問。老闆則微笑著繼續說明：

「是的，你說得沒錯。不用想太多，就參考這個範例，試著透過箭號的粗細與長度表現出各個區域所占的比重吧，只要大概的印象即可。」

「我懂了，但是像這樣暴露出自己的欲望，似乎有點不好意思。」

或許因為我從小就被教導不應該在人前討論薪水或回報，讓我有點猶豫，但老闆鼓勵我：

「我並不是要說哪個區域比重較大才正確，加薪或升職當然也很重要。你們就誠實地憑直覺畫看看吧！對了，高橋先生日後才會開始工作，所以就請你試著根據打工或實習的經驗，以及對今後的想像來畫。」

請試著用箭號的粗細與長短，
表現這4個區域的動機所占的比重大小。

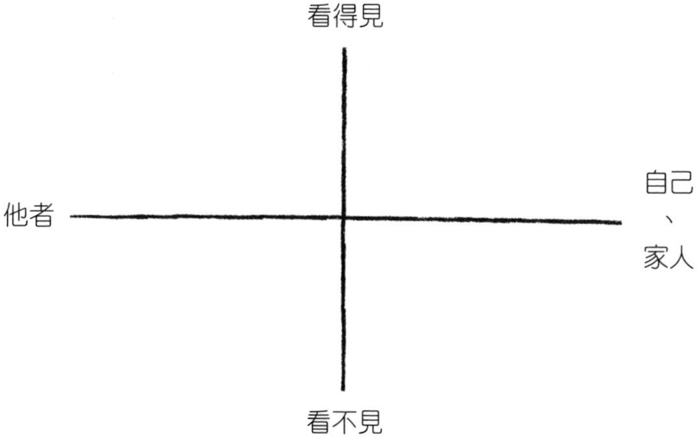

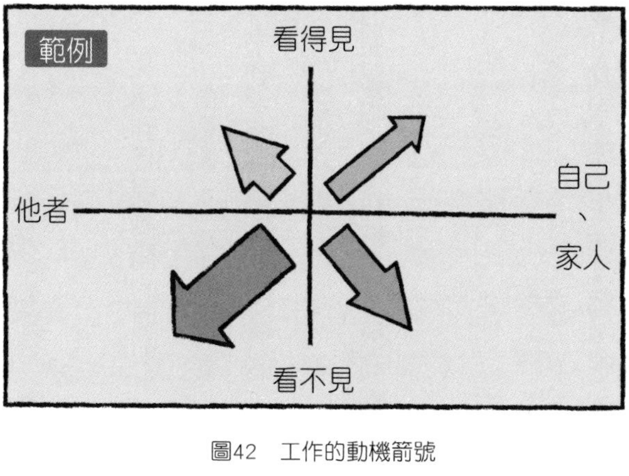

圖42　工作的動機箭號

動機箭號的強弱

「你們畫好箭號了嗎？」

不知道過了多少時間，專注於本業的老闆，又回到我與高橋的面前。

「嗯，勉強算是畫好了。這好像在質問自己，好難啊。」

我平常幾乎不會反省與檢討自己，但覺得來到老闆這裡之後，眞的可以。高橋先將自己畫的箭號拿給老闆看。

「我覺得薪水當然重要，但自我成長與價値感出乎意料地占了很高的比重呢。」

「咦，高橋同學，你的箭號怎麼那麼短？」

我察覺這個疑問，單純地提出來。

「這樣嗎？我覺得自己與家人如果能過著平凡幸福的生活就夠了吧，所以錢、價値感與成長都是有就好了。」

高橋的工作動機箭號。

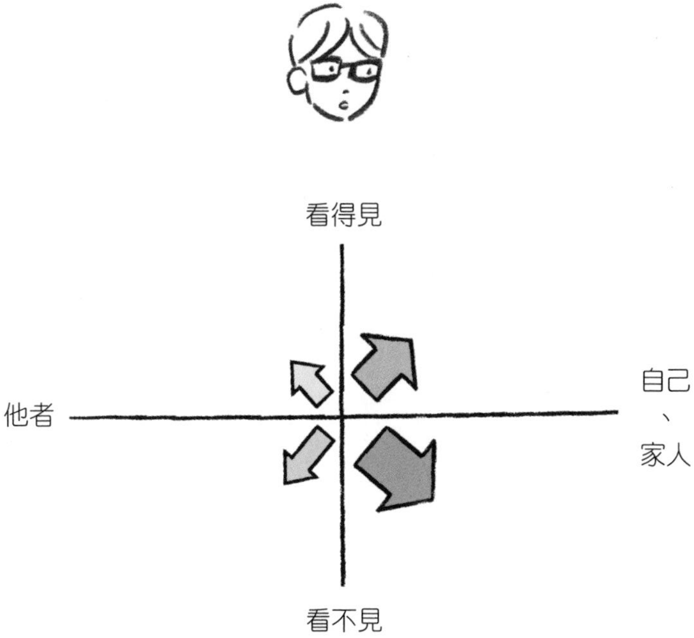

圖43　動機箭號的強弱（高橋）

老闆邊點頭邊接著說：

「雖然不能一概而論，但或許最近的年輕人就整體而言欲望偏低。沒有一定要變成大富翁，或者想要挑戰世界。」

高橋回答：

「是啊，我們好像沒有那麼狼性。大家也愈來愈少出國留學。不只工作，我們對充實私生活或社會貢獻之類的關心程度，大概也只有一般般。當然應該不是所有的年輕人都這樣啦。」

「這樣啊，我們以前當學生的時候，應該會再稍微熱血一點吧。」

「對不同世代的分析就到此爲止吧，我們的焦點畢竟還是個人動機。雖然是我先起頭的，眞不好意思（笑）。山田先生的圖呢？」

「我嘛，首先比較堅持加薪與升職。因爲我快要結婚了，想要好好養家。除此之外，自我成長與價值感對我來說也非常重要，我覺得如果缺乏這點，工作與人生都沒有意義。」

「原來如此，所以 A 與 B 區的箭號又粗又長。」

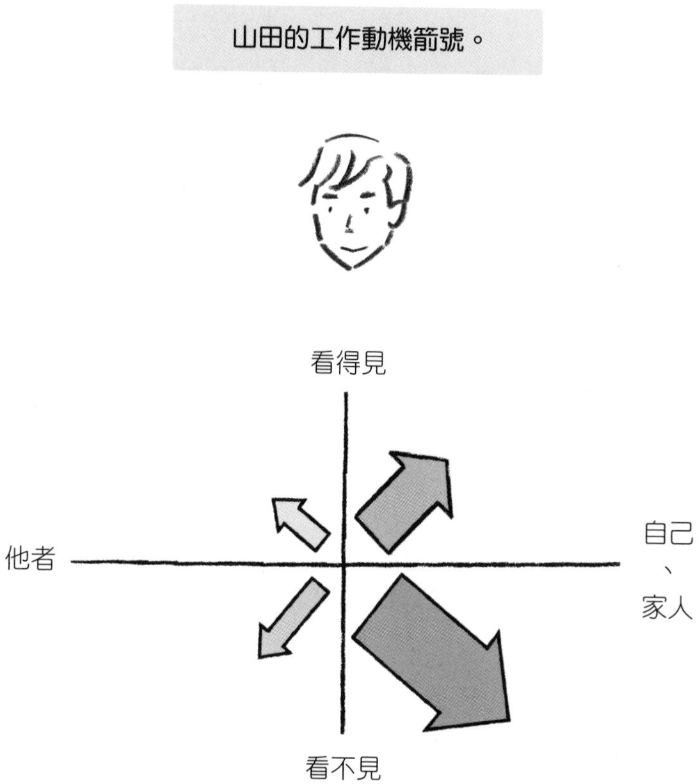

圖44　動機箭號的強弱（山田）

高橋表示理解。

「至於C區方面，自從我升上團隊的主管，有了下屬之後，也愈來愈希望他們的努力能多少帶來經濟上的富足，雖然這個希望沒有A與B區那麼強烈。再來是D區，當客戶因爲能與我們交易而心懷感激時，我也會慶幸自己能從事這份工作。以前更年輕的時候，會覺得滿足顧客的需要比自己的業績更重要。不過如果要說自己是不是像範例畫的那樣，老實說我也不覺得我有這麼多餘裕，強烈希望自己能帶給社會貢獻，重視社會的幸福與發展。」

「畢竟不需要勉強自己有C與D區的動機。」

老闆有點像是在解釋似的說。

「謝謝你們分享眞實的想法。接下來這張圖，展現的就是你們畫的圖有什麼樣的傾向。」

老闆像平常一樣，立刻拿出下一張圖擺到吧檯上。

動機傾向

「希望你們看的時候可以先了解下面這個前提：這五種模式頂多表現出強調出來的傾向。」

「原來如此，A區比重較高的屬於『重視物質成長型』啊，年輕人或企圖心強的人往往屬於這一型呢。對了，剛才的第一個石匠也是。」

高橋眞的一點就通。

「B區是『重視自我實現型』嗎？我身邊似乎也有很多這種類型的人。第二個石匠也完全屬於這種類型。而且如果自己在各方面都有所成長，最後A區的收入也會提高不是嗎？」

「看來這四區好像也有因果關係。」

「C區是『照顧者型』。我想自己以前的上司就接近這一型。他說話時經常給人『我一定會保護團隊與下屬』，或者『這是爲了提高大家的薪水』這類的感覺，業績達標的時候也經常會帶我們去喝酒慶祝。我最近也開始有點了解他的心情了。但如果只有這個部分的傾向特別明顯，或許也會有團隊優先於公司方針的風險。」

「做得過頭也不好呢。」

高橋一臉「原來如此」地點頭。

「D區是『社會貢獻型』。這個類型的人雖然希望透過工作為社會帶來某種貢獻，但卻不知道注意到每一位員工的想法。大家往往一不注意就以自己或公司的利益為優先。最近的大企業之所以會發生各種醜聞，似乎也是因為缺乏社會貢獻的想法。剛才的第三個石匠就是這種類型。積極從事志工活動的人，也是因為這個區域的想法比較強烈吧。」

「啊，我有個朋友現在在國外當志工，他說將來想要加入NPO。他還說看到當地人的笑容就是最開心的事情。應該說他對世界有強烈的大愛嗎？這個部分我就馬馬虎虎。」

高橋似乎想到了誰，一臉領悟的表情。

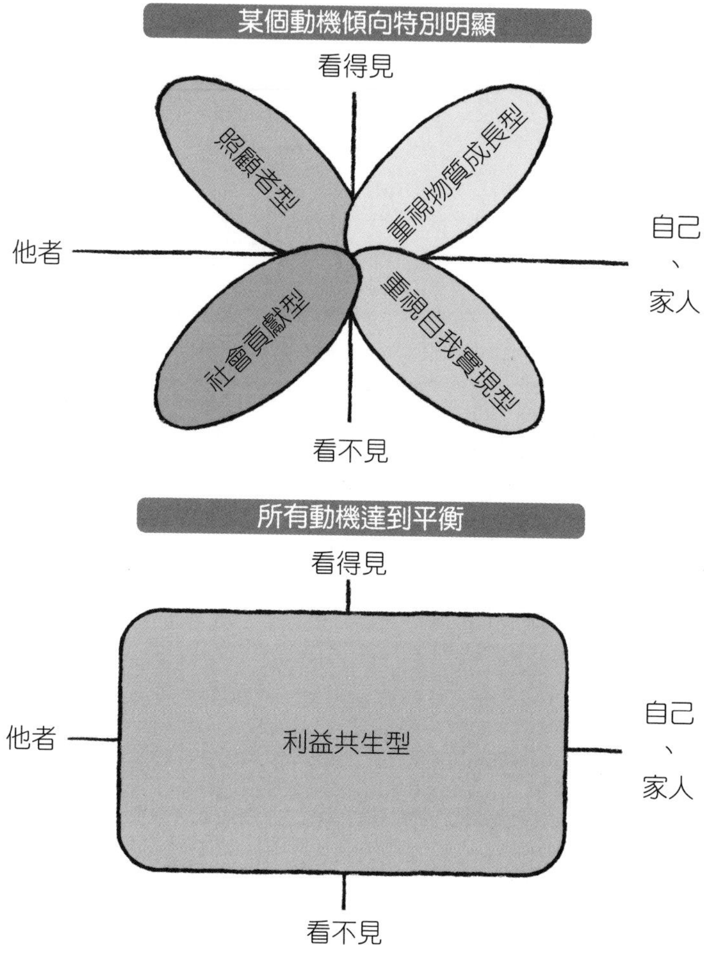
某個動機傾向特別明顯
看得見
照顧者型
重視物質成長型
他者
自己、家人
社會貢獻型
重視自我實現型
看不見
所有動機達到平衡
看得見
他者
利益共生型
自己、家人
看不見

圖45　動機傾向

「你們的解說都很確實，看來不需要我說明了。謝謝你們（笑）。高橋先生，討論到這裡，你對於自己向山田先生提出的『工作是爲了什麼？』的問題，有什麼發現嗎？」

高橋面對突如其來的問題稍微呆了一下，但接著就邊思考邊開始說：

「有的。首先我發現，那就是『工作是爲了什麼？』這個問題的答案，不應該由別人告訴我。因爲今天的討論讓我知道，其實答案就在自己心中。而我覺得老闆教我們的，就是在自己心中找到答案的方法或線索。」

我對高橋的程度之高，感到非常驚訝。

「而且現在的我懂得反省的動機了。我發現自己一方面是因爲經驗不多，也沒吃過什麼苦，另一方面或許也是因爲個性有不夠成熟的地方，爲別人犧牲、服務的想法或行動無法成爲我的動機。我想未來找到工作，有了面對阻礙或試煉的體驗後，剛才那張圖中各個區域的箭號大小與平衡也會產生改變、進化吧。」

「高橋，你雖然年輕，卻很了不起。我自己在當學生的時候，應該不可能有這麼出色的發現。而且那個時候滿腦子想的都是女孩子與玩樂（笑）。如果能更早聽到老闆的說明，可能會有所不同吧。」

「是啊，高橋先生的理解與發現都很棒。關於這張圖的想法沒有標準答案。圖裡面包含了許多意義，我想每個人都會有不同的發現與感受。」

如何掌握動機？

「同時也說明一次關於動機的內容，把我的發現或理解條列出來，就是以下幾點。雖然有點囉嗦，但還是要再強調一次，這些頂多只是我自己的看法，不是標準答案。」

老闆翻開先前那本記事本的另外一頁給我們看。

「這一頁的整理竟然呈現了這麼多的觀點與意義，真的很有深度啊。」

我再次品味老闆教我們的出色內容。

「老闆，謝謝你。爲了提升工作的意義，我開始湧出認眞工作的勇氣了。原來工作不只是賣掉自己的時間來換取金錢，知道這點之後，找工作也開始變得讓人期待了。過程中當然也會遭遇一些困難吧，不過我以前對工作的想法更悲觀，甚至還會害怕，現在我覺得自己改頭換面了。」

高橋一臉開朗地說。

「能夠多少帶來幫助眞是太好了。我覺得在工作上光是有好的心態非常重要，這關係到我們是否能突飛猛進。」

老闆的指導依然讓人佩服，雖然不帶強迫，卻能讓大家變得積極主動。

「對了，老闆的箭號長什麼樣子呢？」

我抑制不了好奇心，忍不住問。

「我想我年輕時的箭號也和你們一樣，不過現在應該是這個樣子。」

老闆邊說邊拿出一張紙。

「看起來是 A 區比較小，B、C、D 區依序變大。」

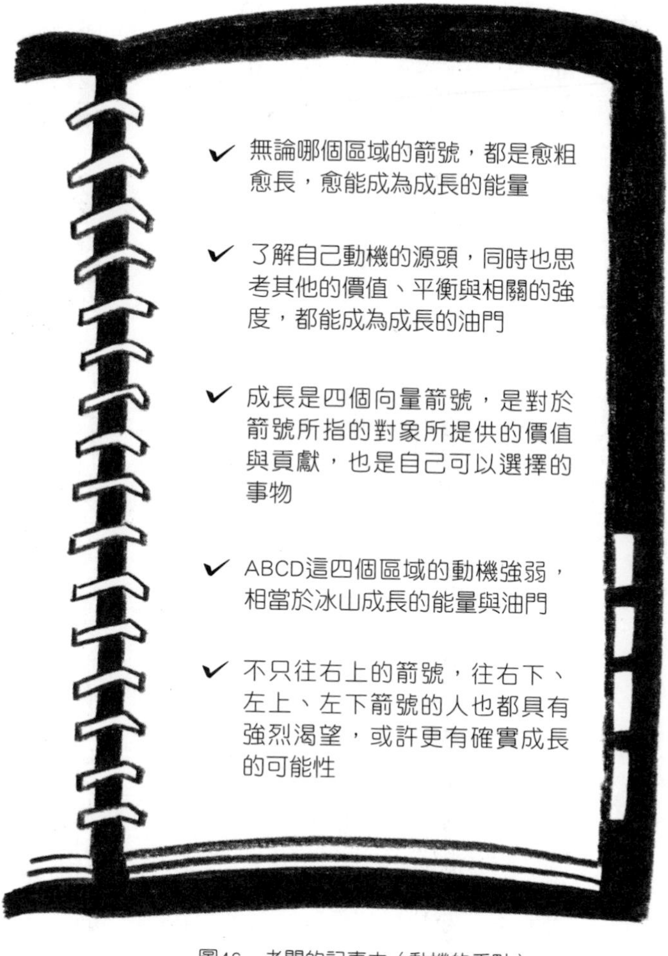
✔ 無論哪個區域的箭號，都是愈粗愈長，愈能成為成長的能量
✔ 了解自己動機的源頭，同時也思考其他的價值、平衡與相關的強度，都能成為成長的油門
✔ 成長是四個向量箭號，是對於箭號所指的對象所提供的價值與貢獻，也是自己可以選擇的事物
✔ ABCD這四個區域的動機強弱，相當於冰山成長的能量與油門
✔ 不只往右上的箭號，往右下、左上、左下箭號的人也都具有強烈渴望，或許更有確實成長的可能性

圖46 老闆的記事本（動機的重點）

「是的，我的物質欲望從以前就沒有那麼強烈，當然應該比現在強。但現在的我，更覺得如果能幫助下一個世代的人成長很棒。我相信這些人的成長能讓社會變得更好，所以我打算全心全意專注在自己做得到的事情上。」

「原來如此，老闆的話之所以會那麼有深度及說服力，不只是因爲人格或指導技術，也是因爲擁有強烈而正確的信念與動機吧。」

「眞不好意思，我平常很少說這些的。」

我愈來愈喜歡靜靜微笑的老闆了。老闆回應了我的笑容後，轉向高橋。

「雖然不太具體，但還懂嗎？」

「當然，我學到了很多。多虧了老闆，讓我能夠更積極面對工作。眞的非常感謝。山田學長，今天謝謝你帶我來這裡。」

高橋說完，向我們鞠躬後就先行離去。他的背影似乎比今天剛見面時更像大人了，還是這是我的錯覺呢？

老闆的工作動機箭號。

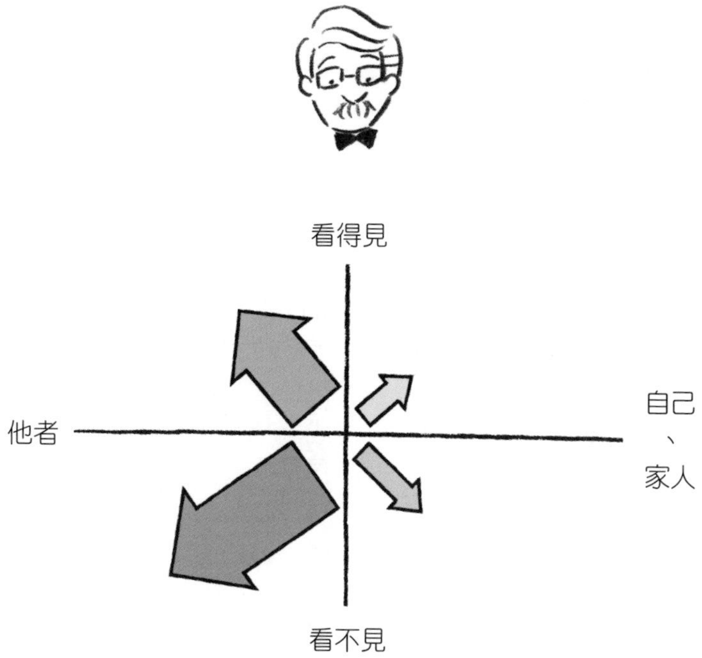

圖47　動機箭號的強弱（老闆）

＊　＊　＊

高橋回去之後，我邊喝著不知道是第幾杯的咖啡，邊回想今天討論的話題，這時老闆從櫃檯的另一邊看著我，低聲說：

「好的，山田先生，重頭戲終於要上場了。」

「咦，什麼意思？」

「意思就是，我想告訴山田先生的『成長的原理原則』，今天就全部介紹完畢了。」

老闆邊說，邊把他在我第一次來到這家店時，拿給我看的「成長地圖」擺在桌上。

「我想山田先生已經完全理解這張圖是什麼意思了吧？」

「我很高興聽到老闆這麼說，但是我也很擔心，不知道自己有沒有確實理解你的教導。」

我緊張地好像在上結業考場。

「我看看，首先這張地圖的中心代表冰山的成長，而意識與習慣、技術這三層的大小與平衡就是自我成長吧。接著，左邊反向的箭號是『煩惱剎車』與『成人小孩剎車』，多數的人都在踩油門的同時，也將這兩道剎車踩了下去，妨礙了自我成長的可能性。」

「沒錯，眞不愧是山田先生。」

到此爲止就像是通過了臨時證照的測驗。

「接著是右邊的兩個箭號……。咦，我有學到這兩道油門的名稱嗎？不好意思，我可能忘了。」

我原本就對自己的記憶力沒有自信，我相當沮喪自己忘記重要的部分。

「不，我雖然在你的朋友伊藤先生與學弟高橋先生面前提到這兩道油門，但其實沒有介紹到名稱，所以請放心（笑）。」

「原來不是忘記啊，那我就安心了。老實說，我在跟你聊完當天，都會把之後的發現與學習寫在記事本裡，不時重新翻閱，要是這樣還忘記就太糟糕了，所以剛剛很緊張。老闆，請告訴我這兩個箭號的名稱吧。」

「我也不是故意不告訴你（笑）。首先第一個是使命、願景的箭號，我取名爲『自我理念、核心思想油門』。」

「原來如此，只要擁有確實的自我理念與核心思想，就能朝著理念方向前進，偏離方向時，核心思想就能幫助自己修正軌道而不動搖。」

「是的，我是如此相信。另一個箭號則是『正確而強烈的動機油門』。而這就是今天高橋先生提出『工作是爲了什麼？』的問題時，我請你們思考的內容。我認爲人會因爲正確而強烈的動機，提高成長的速度。」

「嗯，這麼一來，『冰山成長』『兩道剎車』『兩道油門』這五項要素就完美地拼在一起了。該怎麼說呢？雖然我找不到話語來形容，但我現在非常感動。我想茅塞頓開就是這麼一回事吧！原理原則與本質，竟然變成這麼簡單易懂的圖。今天以前嚴重困擾我的事情好像假的一樣，又像是庸人自擾。我眞想更早知道這些。」

我沒辦法好好地組織、說出想說的話，只能發表出支離破碎的感想。

「沒錯，每個人的學習與發現眞的都不一樣，也沒有標準答案，所以

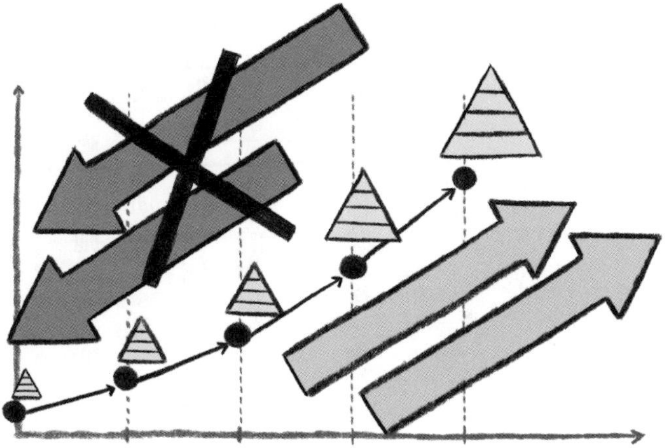

圖48 成長地圖

你能有自己的感受，並將這些感受化爲今後人生成長的糧食，我就很欣慰了。」

老闆總是謙虛又不會擺出施恩的姿態。雖然我覺得他在面對我這種小夥子時，就算擺點架子也無所謂。

「老闆，眞的很謝謝你。從你這裡得到成長的學習，對我來說眞的是無價之寶。我會一直當成自己的指南針運用。最後還可以再讓我問一個問題嗎？」

「可以，雖然這也不是什麼最後，你就問吧（笑）。」

老闆依然幽默，我愈來愈崇拜他了。

老闆的動機與目的

「雖然你提到工作的動機箭號時，曾說到想要幫助年輕人成長，但可以告訴我，你爲什麼會有這樣的動機嗎？」

「這個嘛，我在D區之所以會特別想要支持下個世代的人成長，是因爲許多經驗的累積，但其中最主要的原因有兩個。」

老闆以略爲正經的表情繼續說：

「首先是我以前在公司擔任董事得到的經驗。我在那裡每年都會錄取許多員工，而員工愈多，我對這些員工與家庭的責任感也愈重。我們愈是一起挑戰遠大的志向，我愈希望他們真的能夠身心都獲得成長，得到幸福。而且我也覺得，爲了讓這個社會變得更好，需要更多的人擁有端正、龐大的冰山。」

既然以前在那麼大的公司擔任董事，爲什麼現在會變成咖啡店的老闆呢？就在老闆告訴我他令人欽佩的想法時，我一瞬間想到這個不太禮貌的問題，但我也十二萬分感受到老闆對他人的深厚關愛。

「那個時候我考慮到衆多員工的成長，設計出這次你聽到的內容架構，也舉辦了研習課程。」

原來如此，就是因爲有這樣的經驗，才能製作出讓人如此深入反思的工具啊。

「第二個是從我父親身上學到的經驗。我的父親於第二次世界大戰結束時，在中國滿州國被俘虜了，後來被關在西伯利亞。他被迫在我們想像不到的嚴酷環境中生活了兩年才回來。即使他有這樣的體驗，依然具有深度的關懷。他發展事業、貢獻地方，也獲得了許多人的尊敬。雖然我也很尊敬他，但卻沒有做過什麼孝順他的事情。我在父親晚年時，曾告訴他想回報他對我的愛，結果他說：『你不需要報答我，你就把愛回饋到下一個世代的人身上吧。』於是這段話成爲我的理念與中心思想。」

「原來如此……這段話眞的很了不起。」

我熱淚盈眶，我氣自己連感想都說不好，覺得自己很沒用，同時對老闆父親具有如崇高的品格，一點也不意外。

「所以我說的這些，都是從父親與其他許多前輩，以及我當成榜樣的人身上學到的。我只是將他們的理念整合在一起，因此我的角色比較像是傳道者。」

老闆傳達的不是表面上的技術，也不是那些缺乏經驗的評論者所說的內容。我重新理解到，他的話之所以能夠直搗本質，打動人心，是因爲蘊含了傳承自這些有信念與關懷的衆多前輩。

我趁著老闆整理其他桌子的時候，回顧了從第一次見到老闆那天，到今天爲止的一切。我回想起三叉路理論、無法選擇結果但可以選擇行動、關注圈與影響圈等這些句子，以及冰山圖、正確而強烈的動機圖，腦中還浮現出自己心裡也有成人小孩等發現。

無論是下屬的煩惱、朋友的課題、女友的問題、學弟的請教，老闆全都奉陪。而他的背後，原來隱藏著傳承自前人的意志。

「呼——」

我深深吐了一口氣。這不是我第一次來這間咖啡店時發出的深深嘆息，而是因爲極爲舒適、安心而吐出的深呼吸。我想要更了解老闆的事情，也想學習更多。而且，我還想知道老闆神祕的經歷。

課程到此告一段落雖然捨不得，但我還是有事沒事就來坐坐吧。老闆回來之後，我開朗地說：

「老闆，我還能再來嗎？」

「當然，這裡是咖啡店啊，也不需要預約喔（笑）。我很期待你以這次的學習爲基礎，累積許多經驗，更加成長之後，再和你聊聊。啊，不好意思，有團體客人進來了。」

「好的，你忙吧。謝謝你，我還會再來的。」

最後我還是沒有問到老闆神祕的經歷，店裡也開始忙了，我想應該還有機會的，於是迅速結帳，走出店外。

＊　＊　＊

風很溫暖，粉色系的衣服映入眼簾。大道兩旁的櫻花樹，已經可以開始看見稀稀疏疏的花苞。去年以前，我甚至不會注意到這些細微的變化。但是今年櫻花成長，我也感覺到自己逐漸有一點改變。而我也發現了今天見到的高橋的變化，下屬也成長了。雖然每天的變化微乎其微，但我對於自己開始懂得去感受這一點覺得有點開心。

我遇見咖啡店老闆還不到一年，但他卻帶給我意想不到的成長。雖然我以前也曾經煩惱過「爲什麼沒辦法成長呢？」但現在回想起來，成長其實非常簡單。理解成長的原理原則，巧妙操作「兩道剎車」與「兩道油門」，朝著「冰山成長」前進。這樣的步驟相當令人興奮，不是嗎？

我從外套口袋中掏出一張紙。這是第一次造訪咖啡店時，老闆給我的「成長地圖」。因爲我一直拿出來看，所以紙張已經有點皺皺的。但每當我看著這張圖，就會覺得體內湧出了能量。以後想必也會發生許多事情，

再看一次第5章出現的圖，
回顧第5章帶給我們的發現與學習。

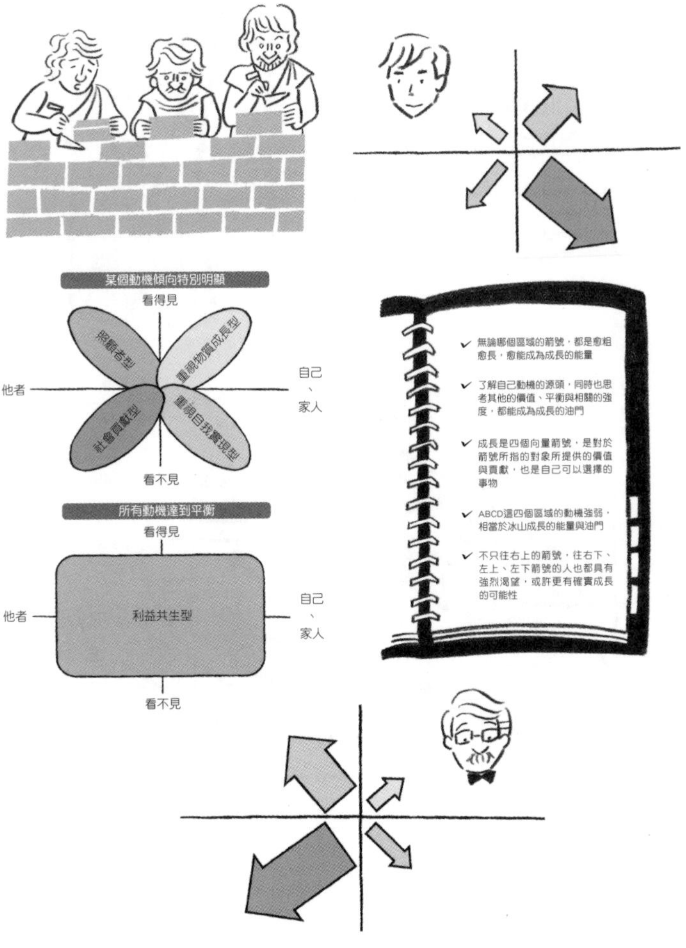
某個動機傾向特別明顯
看得見
照顧者型
重視物質成長型
他者
自己、家人
社會貢獻型
重視自我實現型
看不見
所有動機達到平衡
看得見
他者
利益共生型
自己、家人
看不見
無論哪個區域的箭號，都是愈粗愈長，愈能成為成長的能量
了解自己動機的源頭，同時也思考其他的價值、平衡與相關的強度，都能成為成長的油門
成長是四個向量箭號，是對於箭號所指的對象所提供的價值與貢獻，也是自己可以選擇的事物
ABCD這四個區域的動機強弱，相當於冰山成長的能量與油門
不只往右上的箭號，往右下、左上、左下箭號的人也都具有強烈渴望，或許更有確實成長的可能性

圖49 第5章回顧

成長的五個原則

（1）長出平衡的冰山
（2）鬆開煩惱剎車
（3）鬆開成人小孩剎車
（4）踩下自我理念、核心思想的油門
（5）踩下正確而強烈的動機油門

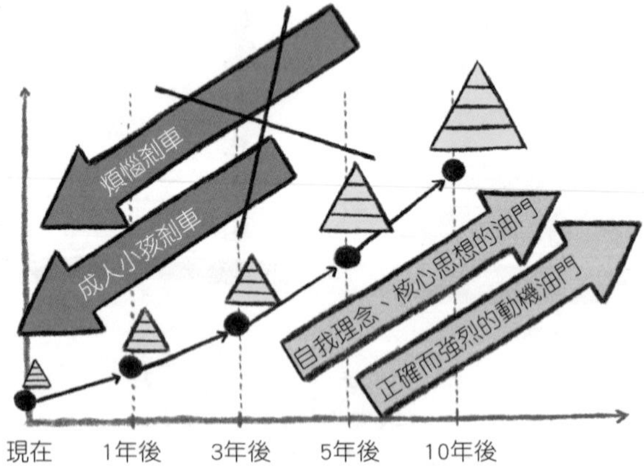

圖50　本書整理

尾聲

咖啡店的門，輕輕地發出了吱呀聲。

「歡迎光臨，哎呀，好久不見了。」

老闆對進來的男性露出親切的笑容。

「你好嗎？」

「嗯，託老闆的福。老闆你看起來也不錯呢。今天剛好來到這附近。」

他一邊說，一邊在吧檯的位子坐下，點了一杯咖啡。老闆在準備虹吸壺時問：

「最近怎麼樣呢？還是很忙嗎？」

「是啊，其實我正在寫一本書。」

「喔，寫自己的書啊？」

「嗯，是一本關於『成長』的書。」

他有點靦腆地回答。

「這真是太棒了！就是把平常說的那些東西整理整理吧？」

「是啊，許多人都在無意識當中，自己踩著剎車過活。但如果能夠發現這點，了解不踩剎車的方法，就能活得更輕鬆吧。無論如何，我都想把這件事告訴大家。」

「我懂，我也這樣覺得。」

老闆微笑附和，他接著說：

「人對事物的看法不同，之後的行動也會大幅改變。但決定如何看待事物的卻是自己。我希望大家都能從促進成長的觀點看事情，不要妨礙自己的成長。」

「你說的沒錯，即使同一件事情，也能有各種不同的想法與觀點，但是很多人都沒有發現這點。」

接著他從包包裡拿出一張紙擺在吧檯上。

「喔，這是什麼？」

「你和客人說話時會使用各式各樣的圖吧？我也是。」

他笑了笑，繼續解釋拿出來的圖。

「這是觀點、視野與視角的圖。多數人都會在不知不覺間，從固定的位置掌握、判斷事情，並且因爲在這裡碰壁而痛苦、煩惱。但是，掌握事情的觀點、看法、高度、廣度、寬度、深度等，可以分成各式各樣的類別，程度也有差異。我製作這張圖，就是想讓大家理解這件事情。」

「看了這張圖，就能直覺地理解從哪個位置看事情、看到的範圍、擁有長遠的眼光、更深入思考等等有多麼重要了吧。」

「很高興聽你這麼說。但是自顧自地告訴別人『有這樣的看法』，別人也很難接受。所以我在書中也放入了很多張圖與學習單。我希望大家也能透過自己的思考與體驗，發現存在於自己心中的刹車。」

「所以，這是一本能夠一邊讀，一邊從自己的角度思考，一邊實際動筆學習的書嗎？眞是太有趣了！」

老闆從內心發出愉快的笑容。

觀點、視野、視角

<高度、廣度、長度、深度>

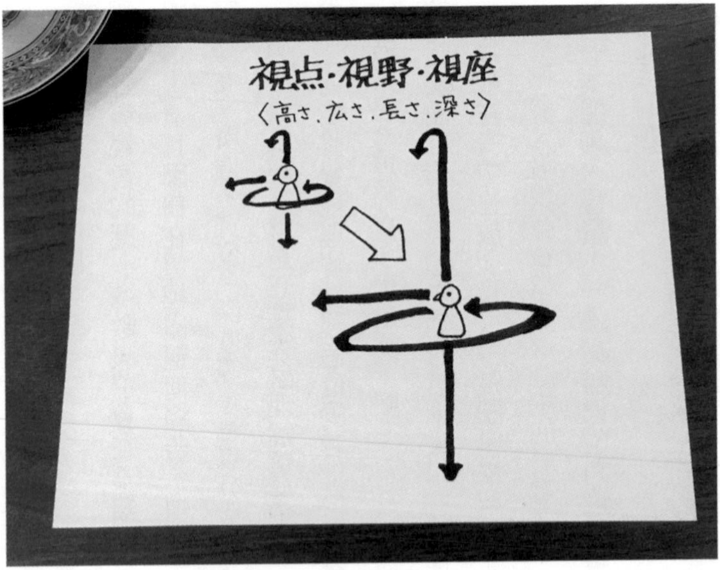

作者親筆繪製的「觀點、視野、視角的圖」

「那麼吉田先生，你決定好這本書的書名了嗎？」

「老闆你竟然記得我的名字，眞是太開心了！我將這本書取名爲《成長心態：50張思維圖，帶你跳脫邊踩剎車，邊催油門的人生》。」

「這個書名很棒。心態確實有信念、價值觀、判斷標準之類的意思。我覺得非常適合你這本書。」

「謝謝，如果讀了這本書的人，都能擁有更堅強正確的心態，他們的人生就能變得更美好，而這樣的人如果變多，我想社會也會變得更好吧。」

「眞是太了不起了。話說回來，這本書的目標讀者是哪些人呢？」

「書中的主角雖然是一個男性，但我想『成長』的原理原則可以套用到任何人身上。舉例來說，想要磨練自己的技術、想在公司大顯身手、想讓公司內部的人際關係更圓滿的上班族固然適合閱讀本書，但我想對公司的經營者或團隊主管而言，了解員工或下屬的心情，也能更有效地幫助他們成長。」

「而且應該不只上班族吧。不同的人來讀，似乎也能獲得不同的發現，譬如父母或學校的老師在思考孩子的正確成長時，也能夠參考，夫妻或情侶也能更了解彼此，建立良好的關係。」

老闆瞇起眼睛，開心似的看著男性。

「而且讀者不只可以獨自閱讀，如果也能使用在公司的研習或學校社團的討論，我想效果會更好。」

「希望很多人都能讀你這本書。」

「是啊，我幾乎不奢望寫出一本暢銷書，或是得到大家的讚賞什麼的。但是這本書即使多幫助一個人我也會很開心。」

「哈哈哈，這也很像是你會有的想法呢。」

「很久沒跟老闆這樣聊了，今天很開心。謝謝你的咖啡，我會再來玩的。」

「好的，隨時等你過來。下次我也來準備新的圖吧！」

「我很期待。」

他開門走出店外，微微帶進了外面沈丁香的香氣。

＊　＊　＊

謝謝讀者拿起這本書，並且讀到最後。

如同我在前言也稍微提過的，我根據以前的經驗，認為了解「成長」的本質及原理原則非常重要。我也在很多地方開過講座或研習，幾乎所有參加的人離開時，表情明顯地都比進來會場的時更開朗。每當看見他們的身影，我就會開始思考，該如何將大家似懂非懂的「成長」原理原則傳達給更多的人，而我的想法終於藉著這次機會成形。

我想每一位讀者在閱讀本書時，都有各種不同的情緒。每個人的感受與發現的點也都不一樣。雖然不需要與其他人相同，但只要讀者能夠感受到任何一個讓自己人生往更好方向的線索，我就很滿足了。

我想開始了解成長本質與原理原則的各位，接下來應該會透過實踐，開始一點一滴地壯大自己的冰山，但「知易行難」，過程中也會有一些阻礙與困難，必須經過實踐才會知道。所以本書的最後，要給大家三個實踐時的建議。

首先第一個建議是「冰山的分割」。雖然壯大冰山對成長而言很重要，但如果過於把注意力擺在壯大自己的整座冰山，經常會變得難以想像具體的行動。這時候我建議大家「將冰山分割成小塊」。

所謂分割成小塊，舉例來說，就是把現在分派到的任務當成一座冰山來看待。假設你現在從事業務工作，就可以把明天要跑的業務想像成一座冰山。思考自己對這個客戶懷有多強烈的意識？想要採取什麼樣的行為與行動？是否確實準備好技術了嗎？接著在跑業務時，可以想想自己的冰山有沒有比上次拜訪時稍微大了一點，如果可以也試著做筆記記錄下來。這個方法可以應用在你每天工作當中的任何事物上。

第二個是「累積主動體驗的學習」。學習如果不經過實踐，就無法變成自己的東西。換句話說，就是「輸入」的東西必須「輸出」才能產生價值。現在的社會充滿了龐大的資訊，光靠閱讀與理解，無法充分且完全地使用這些資訊，不是嗎？我們不應該滿足於知識與資訊的「量」，提高自己更專注於更加本質、更重要的事物，儘早實踐獲得的知識也很重要。

而且這樣的實踐必須「主動」。只有自動自發地選擇行動，而非來自外部的要求與規則，這樣的「體驗」才能形成自己正確的中心思想。而持續累積這些體驗，你的冰山就能成長得更加壯大。

第三個建議則是「定期檢查冰山」。前述「知易行難」的重要因素就在於「有沒有變成自己的東西」。為了讓學習確實內化為自己的一部分，在學會之前必須「持續」。冰山的大小也會因為能不能做到這點而不同。我認為閱讀的方式有兩種，分別是「吸收廣泛知識隨性閱讀型」（摘選型）與「自我中心形成型」（《聖經》型）。雖然我也覺得前者的閱讀方式是必要的，但我建議閱讀本書時採取後者。並且為了定期檢查自己的冰山，我也希望大家能夠反覆活用本書。

譬如半年後再度回過頭來閱讀。接著再把上次自己填寫的冰山圖與文字，與這次寫的比較看看。如此一來，應該就能發現第一次讀的時候沒有發現的事情、只能粗淺理解或是無法領悟的內容，經過了半年的體驗，應該稍微更深入地滲透進自己的心中吧。而我想這麼做也能確認自己比以前更加「成長」。

就像汽車與住宅需要定期檢查一樣，使用年限更長的人生最好也能定期檢查，這麼一來必定能夠提升各位的生活品質。而在三、五年後的定期檢查，一定能夠發現自己成長到覺得「第一次讀的時候，爲什麼會爲這麼小的事情而煩惱」的程度吧。把自己的拙作比喻爲《聖經》實在非常厚臉皮，但沒有什麼會比這本書能夠陪伴、幫助大家壯大自己的冰山，讓我感到更欣慰的了。

你的人生「經營者」或「老闆」，只有你一人。不要把這個權利讓渡給其他任何人，不要踩下無謂的剎車，就由你自己將你的人生經營得更精采吧！

Eurasian Publishing Group
圓神出版事業機構
用心與你對話・視野無限寬廣
先覺出版社
Prophet Press

www.booklife.com.tw reader@mail.eurasian.com.tw

商戰 193

成長心態：50張思維圖，帶你跳脫邊踩剎車，邊催油門的人生

作　　者／吉田行宏
譯　　者／林詠純
發 行 人／簡志忠
出 版 者／先覺出版股份有限公司
地　　址／台北市南京東路四段50號6樓之1
電　　話／（02）2579-6600・2579-8800・2570-3939
傳　　真／（02）2579-0338・2577-3220・2570-3636
總 編 輯／陳秋月
主　　編／李宛蓁
責任編輯／林亞萱
校　　對／蔡忠穎・林亞萱
美術編輯／林韋伶
行銷企畫／詹怡慧・黃惟儂
印務統籌／劉鳳剛・高榮祥
監　　印／高榮祥
排　　版／陳采淇
經 銷 商／叩應股份有限公司
郵撥帳號／ 18707239
法律顧問／圓神出版事業機構法律顧問　蕭雄淋律師
印　　刷／祥峰印刷廠
2019年06月 初版
2019年07月　2刷

定價 300 元　ISBN 978-986-134-342-6

我認爲思考「成長」的問題，就是正面迎向自己的人生。而且，眞正意義上的「成長」，無法光靠技術性的方法論而習得，還必須理解其本質與原理原則。

——吉田行宏，《成長心態》

國家圖書館出版品預行編目資料

成長心態：50張思維圖，帶你跳脫邊踩剎車，邊催油門的人生／吉田行宏 著；林詠純 譯. -- 初版. -- 臺北市：先覺，2019.06
304面；14.8×20.8公分. --（商戰 ；193）
譯自：成長マインドセット
ISBN 978-986-134-342-6(平裝)

1.職場成功法

494.35　　108005930